ARCHITECTURE
MASTER CLASS
SPATIAL THINKING

最|新|版

建築力

空間思考的

⑩堂 修 練 課

活化思路的
建築解析之書

阿傑說，書寫完了，要請我寫推薦序，理由如下：

1. 我在公司都只罵他一個人。

2.「阿傑，你不要每次都製造設計的麻煩。」

我和阿傑一起工作十多年，我熱愛建築設計，阿傑也是，只是我認為「做的要比說的更多」，阿傑除了做設計，還在教大家，所以「講的也不少」。現在，真的把書一字一字寫完了，這個算厲害。

這本書是要給未來的建築人用的，我看完的感想是，在職場中卡住的人也快點買一本吧！趕快提升你的武功，建築的職場還欠很多人才。書的內容從看建築、分解、繪圖、題目思考、邏輯分析到圖面設計，完整的操作練習，還有一步一步的圖面繪製過程，反過來看阿傑能跟我工作這麼久時間，我百分百確定這本書很有用。

建築師是需要有 IQ 和 EQ 兼備的高難度角色！因為我們總是不停的在購屋者、開發者與自我理想的三角關係，尋求不同的平衡點。因為開發者認為土地成本很高，希望創造最高利益；建築師有對環境的理想和自我的期許；購屋者也有其他的期待，大部分的時候是有衝突，所以必須靠建築師的智慧去解決這些問題。

建築師需要認真執行操作面的個性！我自認是在操作面比較實際的人，阿傑也是，雖然我真的覺得他在做立面時，會製造同事覺得麻煩的設計，但是，一個房子如果連我自己想住在裡面的意願都很勉強，又如何賣給消費者？這是違背良心的。

RECOMMEND

　　我們又要考慮何種建築物才是適合在這塊地上應有的面貌，從基地特性、建築設計轉化為影響生活的空間，因此建築物的設計，必須同時是理性科學的商業計算加上如同自然的生命體，從基地上很自然地『生長』出來。所以，建築人就必須不斷逼自己去認識環境、認識人群、磨練頭腦，決定建築的形體比例與平面，形體與平面規劃的完美結合，才能忠實體現建築的整體美感與氣勢。

　　努力的人都有共同的面貌，期許所有的建築人，客觀明白自己的任務與需要的實力，建立屬於自己的建築設計Know-How，這樣的設計力足夠讓台灣站上國際，成為國家重要的軟實力。

王克誠建築師事務所
王克誠

建築的每一步是
人類思想的展現

從事建築工作愈久，愈覺得建築意義與思考脈絡的複雜性，遠遠超過文字、學理能表達，至少到現在，我還是覺得每天都有許多事情得學習。

建築很多是與「人」有關，不是靠用平行尺往右一畫：以上完全拆除！這種主宰他人未來生活的紙上策略。

因為建築不只提案或概念呈現，它還必須被清晰的執行完成，引導人類活動、擔任安全庇護、成為社會資產，未來還是地表的風格；我們要考量的有看的見的物件與看不見的情感，加諸在其中的活動，以及日後對人可能發生的影響，有句話說得很好：we build the building ，and then the building build us，所以我們建築師的世界不是只有數值與建材圍攏成圖面作業。

建築，更是一門結合哲學、藝術、力學、機能、設計的科學，反映每個時代的價值觀，從解構主義帶來的全新邏輯、隈研吾的弱建築與負建築傳達尊重自然的理念、路易斯·康的光線與建築的演繹、到現在的線性設計，更顯示出建築的思想極致和藝術哲學分不開。建築是環境中存在至少百年的標的物，作為建築師，不能光想著自己，而是要考慮建物能穿越現代，能成為跨時代共感的美學嗎？

我個人的執業追求，就是愈往「減少」的方向思考，將那些可能是「非必要的」、現有的、制式的存在，轉換、提升到另一個設計層次。

RECOMMEND

　　還有因應時代的重要安排,綠建築、
節能建築以及工程危機解除,都是建築
師必須要有的智慧,懂得愈多,我們對
環境會愈謙卑,對人,我們會愈尊重。

　　當然,在談論超時代的設計前,各
位學子還是必須先儲備好扎實的底子,
也必須先考過建築師考試,訓練頭腦進
行邏輯性的思考,分出事情的輕重緩急,
找到出人意外的面向,解答業主遇到的
困難,這必須有充分的訓練,本書很適
當的擔任初期階段的輔導角色,希望各
位要好好研讀。

成功大學建築研究所畢業
蔡達寬建築師事務所負責人
蔡達寬

專業是「做自己喜歡的事，讓別人陶醉在其中。」

對林煜傑建築師來說，這樣的寫照非常貼切，這本書的面世，起源於他對「做建築設計、考建築師執照」這種壓力指數爆表的事，可以讓人清楚明白：歡歡喜喜地做自己喜歡做的事，然後繼續「讓別人也樂在其中！」

其實事情的一開始並非如此，事實上，曾經經歷一番辯證式的轉折。在校時學業及設計成績表現出色，他希望以個人建築設計的能力，在社會職場中有個專業的基本定位。當設定了考取建築師執照這件事，變成一個被期待的目標後，事情雖然很單純，但過程中開始出現了痛苦，那種深深引以為苦的感受，彷彿將原先一切的美好消磨殆盡。

於是他被迫檢視「自己要考建築師」

這件事情，在被痛苦侵蝕的當下，究竟還剩下些什麼？兼具這樣的感知和理性思維風格、自我檢視和反思習慣，其實從學生時代就開始…

初見到煜傑是 19 年前，在我進華梵大學教書第一年「理則學」的第一堂課教室裡。這是一門通識課程，選課人數只有 12 位。小班教學能讓新手教師使出渾身解數－范恩圖解法、哲學方法論、奧瑞岡式辯論比賽…等，師生皆熱烈投入「共享知識的芬芳」和「知識的喜悅」！煜傑的邏輯推理能力在當時即表現出色，後來他陸續選修了「思維方法」和「哲學概論」這兩門很硬的通識課，似乎養成了在藝術創意中融入理性分析的習慣。獨具風格的表現，早已青出於藍。華梵的師生一向很自然地在課後保持著交流、互動的習慣，因此常會

RECOMMEND

聽到他談參加登山社的拓荒、溯溪,擔任攝影社社長辦演講活動等等的各種順境、逆境的經驗分享。印象中 10 元阿嬤的故事即是在閒聊中的一個令人動容且極具勵志的話題——師生自期能盡己一份心力,幫助別人跳脫困境、渡過難關…,即便是小小的盡力而為,都可以啟動社會美好的善循環。

願力可以轉化業力!

正是因為希望別人不要再和自己一樣經歷同樣的痛苦,所以設法熬過苦境,一旦出離了苦,樂即立現。不只是帶來考取執照的快樂,願力還會讓原本在做的事,轉成深具意義、極富有價值感和成就感的事!

能為自己所做的事「賦予意義」,然後對每個眉角、細節認真地對待,也幫助別人認真地對待。「進技於道」是讓技術專業不會停留在「匠氣」的一種轉化,反而能造就「匠心獨運」的極佳表現。

這本著作對我來說,就和 10 多年前為了幫煜傑寫研究所入學推薦函,看到令人驚豔的建築作品集一樣,專業養成的成果有目共睹;但不一樣的是,多了「專業成長」的動態歷程,也多了「成長專業」的願心和願力,這些正在不斷地發酵和擴散…

美好的循環正在開始。

華梵大學哲學系 / 人文教育研究中心

副教授 王惠雯

建築專業與
建築師

在挪威每個人都可以稱自己是建築師，因為每個人都有權利設計自己的房子、並且建造自己的房子，蓋自己的房子被視為基本人權之一。建築教育的訓練及對生活環境的重視是從小開始養成，因此，「建築學」不只是一種跨領域的技術與專業，也同時與一般人的生活息息相關。

一個沒有標準的考試

我們的建築師考生面對的是一個沒有標準答案的考試制度。出題者的專業素養不足，測驗題目錯誤百出，申論題無標準答案。改題方式不夠透明，明顯浪費國家及社會資源。考試目的雖然美其名為「為國舉才」，但這種十年寒窗苦讀無人問、一舉成名天下知的中國古典傳統思維，是否對於 21 世紀想要創新的台灣有實質的幫助？考試制度非一朝一夕能夠改變，但若能減少國家資源浪費，對國家競爭力必有實質之幫助。

國家人才資源的浪費

台灣每年參加考選部辦理之考試約有 47 萬 5 千人，而每年考試錄取或及格人數約有 5 萬 3 千人；換句話說：有 42 萬 2 千人沒有錄取或不及格，然後明年繼續報名、繼續考試。

考生花在準備考試的時間短則數月、多則數十年之譜。以建築師專技高考為例，每年報考人數約 3800 人，每年一到 10 月建築相關產業就出現空窗期（因為大家都去準備考試）。若以錄取率概算，每年約 200 人考上建築師，也就是說考生平均考上時間約為十年，

RECOMMEND

所以在台灣，建築專業領域的人才，每
一年花了約 3800 年的工作時數在準備
考試。人生最精華的十年（28-38 歲），
一個國家最有創造力、生育力、生命力
的人才資源全部投資在考試。

改變從教育做起

　　一個發願幫助 50 位考生考過國家
考試的建築師一阿傑，從每周日台北科
技大學校門對面的伯朗咖啡開始，一場
新世代教育對國家考試制度的寧靜革命
正在悄悄地展開，並且重新定義台灣的
建築教育與翻轉教育資源分配不對等的
現象。透過有系統的教學，幫助他人重
新愛上建築，並用他們的建築重新愛上
這個社會。

挪威卑爾根建築學院兼任講師

林秉宏 建築師

我心中萬仞宮牆、
日就月將的人文建築師

在建築師國考中「建築設計」及「敷地計畫」是屬於快速設計術科，必須在短時間內理解題意並即時作答，手繪加上似乎沒有標準答案，因此如何在眾多競爭者中脫穎而出，畫出令人驚豔合理的設計，獲得閱卷老師的青睞出線，這就有賴專業老師的引導與同好相互切磋來增強自己的實力。

而我雖非建築本科系，但對建築設計充滿興趣與熱情，即便是土木結構相對專業的我，也思考著要如何跨出自我專業域學習，了解建築與空間設計其間的奧秘。因此，沒有選擇坊間的補習班，反而是依自身較欠缺的建築規劃設計專業而選擇了林建築師的讀書會來精進學習。而經過短短兩年的時間，第一年考過 4 小時的「敷地計畫」，第二年考過 8 小時「建築設計」，在讀書會學習的過程中，因有林建築師精闢的解說，還有同好們一起討論，分享工作上的點點滴滴，這些都是我順利跨線，考上建築師的主要原因。

書中的十個主要章節，沒有華麗的建築照片（其實林建築師是在建築立面設計是相當出色的），但每張圖及其對應的文字，都是筆者在讀書會為了對同好解惑或說明的成果，而他也把備課的內容，去蕪存菁，言簡意賅的呈現在這本書中，就算非本科系的讀者也能利用此書，獲得最大的啟發。而林建築師這樣的不斷精進與傳承的意念，是我個人非常敬佩的。

此書由淺入深，即便是非建築專業也能按部就班體驗學習，內文舖陳從基

RECOMMEND

本的學習方法及邏輯思考，針對建築基地周邊環境、社會議題、使用需求、量體估算、量體配置、環境影響、動線安排、空間元素、開放空間、虛量體、立面設計等均有獨特而詳盡的解說，並且將快速設計最重要的配置圖、透視圖、排版等技巧及記憶口訣都歸納其中。因此藉由本書，我們可以窺探建築師如何規劃構想一棟建築，進而滿足業主需求及符合法規要求，提供使用者舒適居住、工作及休憩空間，甚至對於國內外建築大師們的設計意涵，均能有更深入的認識與體會。

個人日前在讀書會依照內文學習步驟，深切理解不少國內建築特色，如敦南富邦大樓量體安排、北投農禪寺開放空間、新生南路公務人力發展中心虛量體等，還特地跟筆者到日本關西，以走訪安藤忠雄為主的建築研修之旅，萬博紀念公園（大基地、自然森林）、司馬遼太郎記念館（新舊共存、曲線簷廊）、光の教堂（開口光影、小基地）、天王寺駅前公園（幼兒設施及商業空間）、天王寺マリオットホテル（日建設計、地鐵百貨旅館共構、空中平台花園）、兵庫縣美術館（圓弧 sunken、版狀深出簷）、淡路島的夢舞台（填海造陸、環境共生）、本福寺御水堂（入口動線、屋頂水盤山景影射、夕照格柵光影）、ToTo シウィンド（室內大梯、大海借景、連結空橋）等，在兵庫美術館現場還巧遇安藤大師簽名會，抱回他的專書並有親筆簽名及速寫。而從跟筆者實際走訪，真切感受空間尺度與環境融合的美感更是難得的經驗。

很高興能為本書寫上序言，林建築師是我的良師益友，他不但具有萬仞宮牆的學識涵養，其日就月將的精神更在建築領域上持續精進，相信讀者也可以從本書獲得建築空間設計的學習，創造更合宜的建築空間與環境景觀。

2017 年秋

日本早稻田大學工學博士
沈里通 建築師

建築讀書會友聯名

1. AAA

是的,以阿傑的考試解題技巧方法,使用在與業主或與土地開發方面的先期分析,非常好用實用～哈哈～至少是解題還未用上,已經先蒙其利啦! 甘恩! 甘恩! 甘恩! 非常重要所以說三次

2. SUSIR

「推廣＋推銷」 義不容辭,推薦就＠＠～(份量不夠,有點拍謝)

最近和金主＋田僑仔在討論土地開發,就使用阿傑的量體分析公式,當場就分析給金主＋田僑仔確實數據,容積～ 可建坪～ 造價～哈哈! 真的!

3. 劉康鈹

如果要成為建築專業有牌照的職業者,必須面對三種磨難:
1. 學校的理論基礎
2. 職照取得的派系分別
3. 職業的實戰經驗

其它行業的新秀都是剛畢業的 20 幾歲的少年,唯獨建築 40、50 歲,往往還在建築幼年當中。加上怪謬的考試制度,建築執照比律師、醫師還難取得。(我想曾任台北都發局林局長應該很有感觸),大家都巴巴望著特效藥,希望能夠標靶治療,或是點穴開竅。

我一年多的感想是,如果你覺得考試只是個過程,那就來讀書會讓過程縮短。如果想開業,這裡的資訊絕對讓你足以獨立開業。

你問我考得如何：重考第一年，我過 5 科！快來一起玩吧！

4. NORMAN

考建築師怎麼説，是一件很奇怪的事。

很花時間，不花時間一定不會過，花了時間也不一定會過。

很靠運氣，但也不是只靠運氣。

跟實際建築操作落差極大，但也不是完全無關。

考試花的心力跟這張照的用途不成比例，但有少數人反過來。

接下來廣告一下，我 2014 年裸考全都沒過。後來跟研究所同學跑去讀書會，首領是個 SOP 控，每年都在更新分析和畫圖的 SOP（我去年就過了，今年又換一套方法），這些 SOP 都是很實用的方法論，隨自己的需要再根據題目作微調非常有效率，然後大概畫了三十張圖加上無數小圖 … 環控跟結構也是靠讀書會大家一起念才能第二年過，所以只要肯花時間跟阿傑練習，幸運之神會站你這邊。

5. ALEX

某年的暑假開始要找事務所實習，聽學姊説，阿傑這邊很酷，會指派你一個平常在建築師事務所做不到的工作，面試的過程，阿傑要我整個暑假什麼都不咬管，到牡丹火車站坐著繪圖一個月。

雖然這個暑假最後沒有到外旅遊繪圖；但是阿傑時常給予鼓勵，從線條開始琢磨，總共繪製了約 5 張透視圖 + 一個建築立面設計案子 + 量體分析，是我在建築系裡頭沒有過的經歷。

一個暑假對我有了不同的影響：
1. 學會想像及習慣手繪線條紀錄下來。
2. 學會開始揣測量體的空間模式，甚至更大面積的去基地分析。
3. 去看大師的建築，為何要這樣做，而非走馬看花。

希望碩士畢業，能夠再到阿傑那裏琢磨。

6. JING

建築師考試很累很孤獨，每個人都要花費好多心思去準備，但往往不一定能有好的結果。阿傑，一邊學習我們賦予建築生命的意義是什麼，一邊思考到底對於建築物而言，建築師是如何解決對社會、對使用者、對環境、對生態、對政府，所遇到的任何問題。

設計這科大魔王，是我多年的關卡，阿傑教的 sop 不只是單單教畫圖的標準作業流程，而是思考每個案例，為何建築師會如此設計？為何設計沒有正解，但有依循解答的方向。從關鍵字，找出基地呼應位置、議題、使用者、對應的機制，這樣的構題方向。

引領著建築雛形的量體；六大空間的最佳化排設，五大虛量體的連結，再從平日練習的透視，去思考各層退縮空間，屋頂開放空間及一樓各入口動線，這樣就完成一套完整的建築設計思考邏輯。

還有一群溫言暖語互相激勵的夥伴，不論是考上或是一同正在準備的同學們，建讓你知道建築師考試不是自己一個人單槍匹馬！

7. ANSON

兩年前的我根本沒想過這輩子我會參加建築師考試，因為我不認為我考的過；巧合的是有天我突然想報名、也在那陣子認識了你，在這之前我沒有參加過任何的補習、家教班，從此之後我開始放空自己跟著你所安排的 sop 練習，在星期六的早上也有個地方完全逃離煩雜，漸漸的我發現，我的手可以跟上我的腦，慢慢的也能開始用筆表達設計。

阿傑的腦中對於設計考試的方向非常清楚，也會盡全力思考適合每個人的方法、節奏，把大家推到考試需要的水準，去年考過敷地，今年又考過設計，我的學科也是靠讀書會的朋友教學相長，我不是想吹噓阿傑讀書會的術科教法有多厲害，只是想告訴大家這裡帶頭的，是很無私地帶著大家前進，這裡的戰友也是一輩子難得的！

最後，想告訴還在門外猶豫的朋友，任何考試都有作答框架，建築師考試終究是考試，一定有答題技巧、bug跟樣板，考試不需要多高尚、花俏的招式，這裡能給你真實面對考試所需要的一切，清楚表達設計的手、清晰足以應對題目的腦和堅強堅定的心。請跟著阿傑每天練習，你會很明顯看到每個禮拜自己的進步，也會很明顯感受到背後強大的那一隻手，這些都是考試之外無價的收穫。

謝謝阿傑，還有一輩子不可多得的戰友！

8. LESLIE

有幸在 105 年加入阿傑讀書會，在阿傑讀書會上學到如何從題目中的關鍵字去練習發想設計概念，且有一套清晰

易懂的六大空間來解題,甚至記得當初草圖的線條畫得很差,阿傑也是親自指導,其實蠻感謝這段期間阿傑的指導,讓我能在今年通過大小設計順利取得執照,在阿傑這裡不只能學到考試知識外,我覺得更難得可貴是,有時還有一些實務上的分享課程,謝謝阿傑用心且努力的提供這樣的讀書會給大家!

9. 美瑤

回想 102 年初時,第一次聽到有人為了還願要幫助 50 人考過大小設計時(現在應該已經有 200 人以上了吧),心想怎麼這麼好,我要趕快來去報名,透過阿傑的學弟介紹,進入阿傑讀書會認識了這位比學生還要認真百倍的阿傑老師(雖然他不喜歡被人叫老師)。

建築師考試的設計、敷地這 2 科沒有正確答案,比起其他科目只要有唸書就會過,有太多的不確定因素,參雜了評審老師的主觀意識,因此「運氣」感覺很重要,中評審老師的「眼」感覺更重要,圖是否要畫得美美的,好像很重要,一直以來是這麼認為的。

來到阿傑讀書會,超酷的!設計居然有 SOP,從讀題、抓關鍵字、找出基地該回應的位置(包括使用者、議題、環境)、六大空間的配置法則、定性定量、透視變形的表達………等,完全回應題目的做法,讓我體會到只要計畫說得有道理,沒有絕對的標準答案,與我同年考過的其他同學,我們的配置都不同,但我相信是阿傑教的計畫方法,讓我們雖然配置不同仍可一起過關(計畫有理很重要)。

還有,阿傑的教的 SOP 可以讓我們上考場不會慌亂,所有題目的需求都能一一回應,畫圖慢的人其實也不用慌,鉛筆稿完全回應也能過關(我是過來人),因為「計畫有理很重要」(因為很重要,所以說很多次!)

所以圖是否要畫得美美的,好像不是很重要,但是三分運氣還是要有,所以要去拜文昌帝君。

最後結論,還找不到方向,迷失在設計裡的朋友,真的可以找阿傑聊聊,他將會是你的明燈!

10. JIMMY

我發現建築師考試就像一場馬拉松,如沒有基礎的打底、週期的訓練、配速的策略,很容易就在這賽場上迷失了方向。在進入賽場前,除了基本功的

累績，也先認清自我的弱點，建立解題策略，步驟環節整合，就能夠有機會完成這最後一哩路。

　　在這最後一哩路上，幸有阿傑的指導，除了扮演著教練的角色，對於建築設計的邏輯方向非常清楚有條理，從最基礎的閱讀題目到議題尋找，發現問題到解題策略、六大空間的運用、甚至到繪圖的線條與圖面呈現都有所準則外，更扮演著一同奮鬥的夥伴，不只是督促著我們向前，他自己也一起投入，和大家一同進化並針對每個人的程度給予適當的指導。考試只是個階段，但是準備考試的過程，更能成為自我的養分。

11.　張郅弘

　　建築師考試對我來說有一個最大的疑惑，即使我之前去過不少坊間的補習班，但每每都無法了解啥是「建築計畫」，也不懂為何可以通過，也問過許多一起已經考上的戰友，也無法明確表達為何考上，偶然得知阿傑這邊的讀書會再經由線上軟體聊天後，發現阿傑把建築設計規格化、模矩化、更好的是把設計程序化，經由「三化」後整張圖面的「敘事明理」可以清楚的表達個人的設計「邏輯」，我想這是最大的幫助。

RECOMMEND

6

我心目中的建築教育

　　我從民國 97 年開始考建築師，那時在公司擔任設計總監。以那個年紀的我來說，已經達到自己想像的人生高峰了：有車、有房、有妻、有子（有錢還是比較難）。

　　我會去考建築師的理由很爛。一個原因是老婆問我，未來孩子要在父親的職業欄填「建築師」還是「設計師」？另一個原因是老闆譏笑地說：「你不是設計很強，為什麼連個建築師的牌都沒有？」我就這樣被激怒了，開始研究怎樣考建築師，也報名了當時建築教育中最有影響力的機構，去上這個人生教育的最後一哩路。

　　我永遠不會忘記上設計課的第一天要能力分班，我在課堂上很認真地完整搬出在公司簡報和提案的功力，想讓老師安排我到最終菁英班。我帶著無比自信，將練習成果呈給老師，等待分班的結果。老師沒多久就在圖紙上寫下成績，我得到人生第一個設計不及格的成績，也被安排到基礎班，從畫樹、畫線條，重新開始⋯⋯

　　我帶著謙卑的心面對事實，決定好好重新進修、好好打底。我進到基礎班的教室，躡手躡腳地將肥胖的身軀塞進補習班窄窄的椅子，攤開筆記，等待上課鐘聲，宣布補習班生涯正式開始。

　　沒多久就上課了，老師開始常見的開場白，台灣學生也開始展現最強的「習性」——遲到，手中抱著路上買的飲料午餐，魚貫走入教室。我用不屑的眼神打量這些人，心想，如果你們是我的員工就完蛋了！就在「完蛋」這句話閃過心裡的同時，我在那些人裡頭發現一個熟悉的身影——是我當時的助理○○○！媽呀！我和自己的助理是基礎班同學！

　　畫了一個多月的人、車、樹、直線、抖線、歪斜線之後，我終於升級了！以為可以開始做設計，就開心地買杯補習班樓下咖啡館裡最貴的莊園級手沖咖啡，想要一睹補習班名師講設計的風采。

　　待我坐定之後，打開杯蓋，咖啡香飄散，熱氣在我眼前氤氳開來，好像大明星上場前的乾冰煙霧。我啜飲一小口熱咖啡，苦澀在嘴裡化開，但我的心卻涼了，因為走進來的人不是網路上看到的補教設計大師，而是一個小妹妹；她笨拙地打開手提電腦，支支吾吾地開口說：「同學，我們今天要講畫圖的筆和工具。」此時，無言的情緒像瀑布一樣把我推下深谷。一直不記得我在那間全國最大的建築師補習班上一堂課要多久時間，但這一堂課我度日如年。課堂上的老師鉅細靡遺的介紹各個工具如何在圖紙上運用，我只有本著對台上老師尊重的心情，慢慢等著那堂課下課鐘響，然後拎著空的咖啡杯，默默地離開教室。當然這堂課的那一兩個小時，只有在我生命中留下「浪費生命」的遺憾。

　　一週後我耐著性子繼續去上課，中間我學了樓梯怎麼畫 (我本來就會)，樹木怎麼畫 (我也不太差)，字怎麼寫 (我人生的悲劇，一直不好看)；這期間我也自己策略式的畫了幾張考試規格的大圖。

　　幾週後我終於盼到那位建築大師蒞臨課堂，這位老師的第一堂課便要大家呈上自己的練習，好讓他展現自己作為名師的「高度」，我很期待這天。老師評圖的過程中，我完全沒印象別的同學是如何被講評的，但輪到我的時候，等老師開口那幾秒，真是讓我心跳加速到每分鐘 200 下，比我去建設公司向董事長簡報還緊張。最後，他看了我的圖，遲疑了一下 (我吸氣)，然後說：「這張，會過。下一位。」

　　我再度崩潰，就這樣我放棄了補習班，我決定自己的設計自己想辦法。補習班掰了～

考不上建築師，
並不等於你的設計能力不好

我從專科開始唸建築到大學畢業，整整快十年，出社會工作也混了很多年，嚴格來講，考試前的人生至少有十年以上的設計經歷！卻因為敗在考卷的圖紙下，一切就得從基礎做起，對我來說真是情何以堪。我反省了很久，到底是自己有問題，還是考試有問題；準備考試的那幾年覺得是我有問題，因為找不出原因，只能說自己不夠努力；但考上六、七年之後，再教了五、六年的「考試設計」，直到提筆寫這本書，才漸漸察覺問題在考試，不在我。

很多人說我太自大猖狂，但我必須說，這個考試真的問題大了。它影響國民對空間品質的定義和判斷，但又無法引導大眾對整體社會空間有更好的討論與溝通，只是狹隘地要求空間專業人士達成必然的設計答案。考題預設的答案不僅沒有客觀的評析能力，也缺乏讓人依循的操作邏輯，造成大量的專業人士每年都要瞎子摸象般，到處參加考試補習班、分享會，希望在茫茫意見之海中，找到讓自己考過設計的浮木，這一切都無形中影響他們在職場裡面對真實世界的設計挑戰與學習。

建築師考試到底適不適合作為檢測建築教育的工具，這一直是業界爭論不休的「小事情」。我認為建築教育包含許多目標與範圍，有人認為它是科學，要有工程師的理性與精準；有人認為它應該要像藝術家一樣，感性處理這個世界的空間訊息；有人認為建築師是一個身價的象徵，或者認為學建築或做建築的人，要有慈善家的淑世遠見。綜觀各方意見，加上自己在業界混了沒幾年的執業經歷，也教了一些人考上建築師，就整理一點小小的個人觀點。

希望讓想從事建築的朋友，能好好體會建築設計的樂趣，進而在考試、提案的人生旅途中，得到多一些協助。

CONTENTS

ARCHITECTURE
MASTER CLASS
SPATIAL THINKING

第 一 章

CHAPTER ONE

開始
當個建築師

這裡說的是態度——
討論一個建築師該有的心理素質。

TITLE 1-1 打開書本前，先打開建築師的眼、手、嘴、心

我相信每一個有志建築的人，都願意從零開始；
但是這個「零」的圓滿程度、是否**具備值得信任與尊崇的內涵**，
有必要討論，更有責任改變。

開眼：和大腦同步

首先，教設計先教眼睛吧！但不是要讓教學或學建築的人多吃魚油，而是**希望正在學習建築的人都能懂得放開心胸看世界，讓眼睛和大腦同步運作**。我教的學生中，有尚未工作過的阿菜學生，也有快退休的資深前輩；阿菜學生通常專注在建築的美醜和建築師這個身份的價值，資深前輩通常是過於專注在自己的設計經驗，不願拋開既定的設計觀點。但是，建築有趣的地方不就是讓你擁有更敏銳的感受，去觀察這個世界？相對來說，如果建築教育少了帶建築學人開眼界、開心態的功能，不就只是無聊的模型製造工作嗎？

練手：練的是思考過程

數位化工具的功能，只是要縮短腦子到完成建築構造物的距離。但從腦子到概念成形的最短距離，只需要一張乾淨的白紙和一隻簡單的鉛筆，就能提供連貫零阻礙的思考過程。所有正在學習建築的人，希望無論你最後以何種方式呈現建築構造物，中間過程都能有大量的文字和畫面，再點點滴滴地將你想到、看到的小小訊息，轉換成空間語彙。

也希望在建築教育第一線的人，可以更細緻地體會每位建築學人的思考過程，別讓那些可能改變世界的想法和觀念，不經意地在言語間溜走。

動嘴：把想法說明故事

在我這個小小的讀書會，有一個很重要的訓練過程，我稱為「文字分析」；有人說這很像是在練習和自己聊天，有人則說分析完還沒畫圖，設計就做完了。這說明了一件事——設計是動腦的

工作，而表現腦袋思考最直接的方法，就是動嘴。「動嘴」會讓腦中的片段想法開始連結和組織，最後變成一個故事，讓做建築的人變成可以用空間講故事的人；那麼這個工作或教程，應該就不會是無聊的技術和流程了。

開心：享受畫設計

「開心」可以是指愉悅的心情，也可以指對事物的開放心態；兩者都是做建築和學建築時該有的修行。

第一個需要「開心」的事，就是學建築不需要當畫圖高手，不要把建築系當美術系在唸；更不要覺得沒有輝煌學歷，就認定自己不是做設計的料。嚴格來講，**畫畫是建築人描述空間的方法，需要簡單的線條，不需要高深的技法，就可以享受用筆看世界，用筆想像空間的樂趣才對。**教設計這麼多年，我最開心的上課對象有三個，兩個是畢業很久的媽媽，她們在職場上的生活，不是以設計為主，一直到小朋友上大學才重拾畫筆；另一個是一位日本結構博士，平常在大學當公務員，畫畫這件事更不可能在他的生活中有太大份量。

不過也許是如此，他們沒有在建築教育中受到太大的畫圖挫折，反而更能單純享受設計的樂趣吧！他們三位沒有畫圖美醜的包袱，他們的建築設計也從未面臨過學術和職場既定要求的經驗與壓力。在準備考建築師的過程中，無論是重拾或初拾畫筆，都放開心胸在考試的虛擬世界當紙上建築師，盡情地用空間反映他們觀察到的環境現象，用建築構建環境樣貌。他們就只是開心地學習設計，也許練習過程中有很多時間是痛苦地反覆磨練基本功，但看著自己不斷累積和成長，也獲得極大成就感；最後甚至可以有效率地用兩至三年的時間，取得建築師這張「牌」。

但最讓我開心的是，當他們離開考場，重回職場，也能發揮準備考試時建立的環境觀察能力與空間手法，多棒啊！我也常常在課堂上說，請各位考生好好享受，沒有老師和業主干擾的設計時光，這可能是人生唯一的機會和時間了。

當快樂的建築師 從畢業那天開始修改

建築師考試像是他們人生遲來的畢業考，藉此學會為自己努力，有更多能量追求人生的廣度與高度。如果這個考試在未來變成單純客觀的能力評判機制，進而成為建築系所的畢業資格考，我相信將誕生更多能幫助社會的空間專業人士。而不是讓業界的專業工作者，把大半生對建築的熱情與能量，耗在不太客觀的考試制度上，空轉了自己的人生。

TITLE 1-2 世界上只有一個 考建築師的理由

無論成為建築師是為了征服建築地景，
還是為了打造每個人最溫暖的居所，那都沒有關係，
因為**背後都有你心目中的「成功」**。只要喚醒**自己的成功基因**，
懂得為自己努力，那應該沒有做不到的事了。

我還是學生的時候，有一大票剛從海外學成歸國的洋派老師，他們和國產派的老師有很大的不同──充滿自信、穿著不凡、談吐生花，就是很厲害的感覺。那時候台灣的城市景觀，進入第一次進化，很多人認為是這些海歸洋派建築師帶來的成果與影響。時至今日，這些當年被我們用崇拜眼神仰望的老師，也漸漸變成建築專業領域的大師。

我們那時想當建築師的原因，是希望可以跟這些老師一樣帥氣、有自信，並且名利雙收。沒過幾年，我們這群建築系的毛小孩畢業要進入職場了，準備大展身手，整個環境的變遷卻像老天爺

在開玩笑一樣，掉進景氣寒冬。這些老師賺不到大錢，紛紛收掉事務所回學校教書，當個專職的教書匠；他們少了發表作品的機會，眼神中本來的自信光采，像是老舊的小燈泡，無力且黯淡。

我們的學弟妹還是受教於這些老師，但不再用崇拜的眼神看待學建築、當建築師這回事；而且不敢太快畢業，因為不想太快面對冷淡的設計工作。而除了這些菜鳥設計師對職場未來感到茫然，還有一群人也感到無力，這群人離開校園四、五年了，在設計的職場像浪人般沉沉浮浮，很清楚那些光鮮亮麗的大師，付出的代價與回收其實嚴重不成比例；這群人熟悉設計

的每個過程與細節，但千遍一律的設計行政工作，讓他們對未來的美好想像漸漸破滅，也因為要面對生活壓力，而開始對自己的生活感到無奈、不滿與沒自信。

什麼叫成功？

當學生的時候，覺得帥氣的老師是成功範例；進入職場後，覺得很賺錢的老闆是學習目標；但是終於有一天自己當老闆了，反而羨慕同事當小小上班族的自在生活。

人生每個階段都在摸索成功的定義，有的人目標很大，給自己很大的壓力；有的人在乎自己的小小幸福會不會被搶走。其實，成功很單純，某天我去上班的路上突然想到：**成功只是一個狀態，一個可以讓你覺得安心自在的狀態。**

剛滿四十歲，有房子、有車子、沒貸款壓力、可以讓小孩常常出國玩、不用加太多班，有多點時間陪家人，而在工作與家庭之外，還有能力發展自己的興趣、並且有不錯的成果；我想這應該夠好了吧，對我自己來說算是成功了吧。

上班前投資自己一小時，
打造成功基因

「建築師」這個頭銜，對我而言沒有太大的財務幫助，但有一個影響我一輩子的改變——「上班前，先投資自己一小時」。大部分的人在經歷懶散沒效率的校園生活後，完全習慣當一個人生被安排的生活機器人：跟著課表上課、考試；跟著打卡鐘上下班、跟著行事曆參加一堆不痛不癢的工作會議；除此之外，上課是為了當爸媽的乖小孩、考試為了當老師的好學生、工作為了當老婆（先生）的經濟支柱、爭取績效為了當老闆的好員工。

但是為了考試，我學會「上班前投資自己一小時」。我找到一個為自己好的方式，我在這一個小時認真唸書準備考試，每天都能為考試、為自己做一點點努力。考上建築師後，我還是維持著「為自己努力一小時」的習慣，也成立「建築讀書會」，幫助數百多人考上建築師；我用這一小時學習新的設計工具，不斷增加自己在事業上的價值。這樣的生活步調變成我的「生活習慣」，讓我充分感受到自我成長的成就滿足。

沒有人考上建築師的過程是不需用功、純粹靠天份的；而「考上建築師為自己加值」正是一個很好的目標，單純又明確。能夠為這個目標養成「為自己努力」的習慣，就大概沒有任何事難得倒你了。

CHAPTER TWO

練習
有雙建築手

訓練你的手和眼，
打開對空間的感受力。

TITLE 2-1 設計基本功練習
選出透視臨摹案例

建築設計是眼、手、腦的共同活動，
「眼」是**強烈的三維空間思考**，
除此之外還必須加入**複雜的文字化和邏輯推理**。

我們在求學過程比較欠缺將思考和手上功夫連結的思維整合訓練。要達到這樣的思考目標，必須像運動一樣從基本動作開始練習和熱身，而設計的基本動作就是「臨摹案例」。臨摹案例是一個純粹的「輸入」過程，沒有太多複雜的判斷或分析，只需要建立一個標準的臨摹過程，這個過程就像是電腦程式，它會告訴大腦該如何判斷案例的組成與特殊元素。

當大腦有了「空間閱讀」的習慣，只要面對不同的案例或真實的空間環境，馬上會強烈地感受到差異，這個差異將進一步刺激你產生思考與記憶。

然而要養成練習的習慣並不容易，就算養成了，若是不幸中斷，再找回練習的手感也一樣不簡單；這時候若能進行單純的畫圖、有系統地臨摹，就像大俠練功前的沐浴淨身一樣，可以很快將心境帶回設計模式，快速找回設計思考的熟悉感。

> **NOTE**
> - 要有步驟地分析與臨摹案例，不能照抄。
> - 臨摹案例有助於快速進入設計模式，找回設計的手感。

適合練習的案例 ×3 原則

　　雖然在台灣的建築設計不太被國際媒體關注，但是，其實我們身邊有很多很好的案子。在開始找練習用的案例時，我們應該先關注 3 個原則：

❶ 量體單純
❷ 有豐富細節
❸ 量體層次清晰

　　我選了五個案例給大家參考。

精選案例
Special Case Analysis

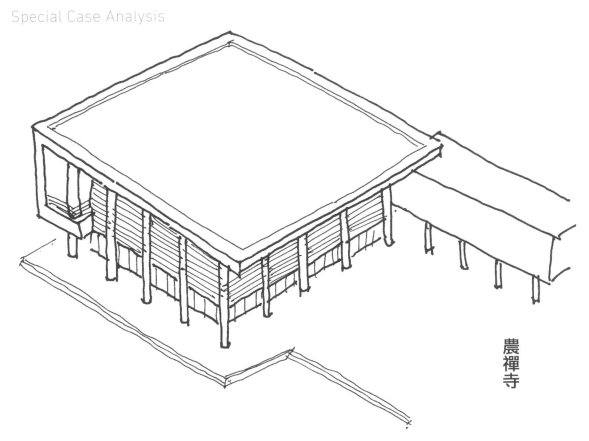

農禪寺

精選案例
Special Case Analysis

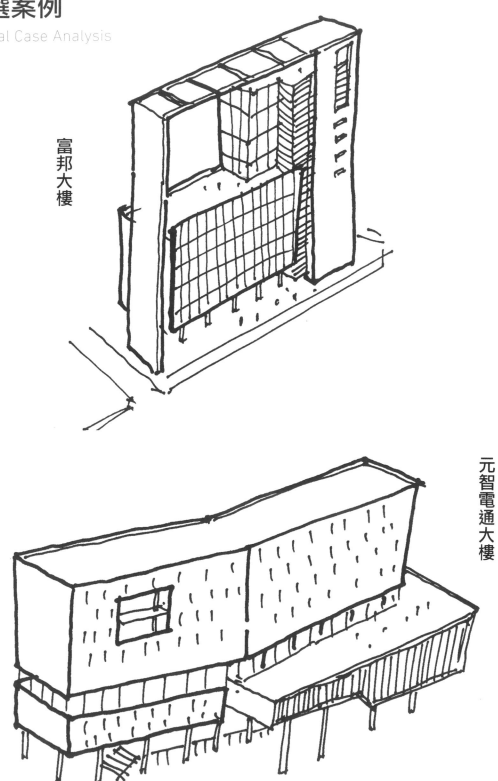

富邦大樓

元智電通大樓

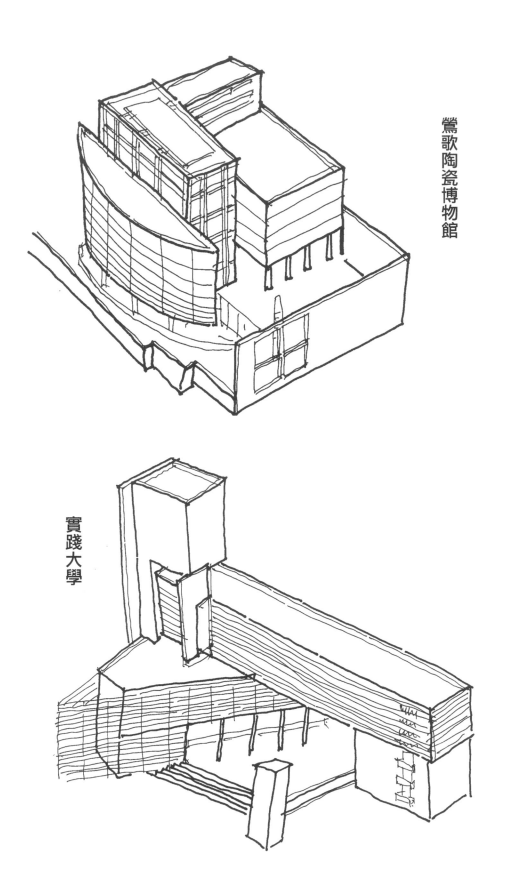

鶯歌陶瓷博物館

實踐大學

TITLE 2-2 分析案例量體構成，化整為零
分解出幾何形狀

案例是他人思考後的精華產物，
分析時以簡明直接的步驟將**建築物化整為零**，
也形同**掌握核心概念**；概念累積得多了，
自然能培育出**屬於你自己的發揮空間**。

有抄有保庇之美好的案例臨摹

每一位學設計的人應該都有一種焦慮……就是怕漏看別人看過的案例！在那個沒有網路的時代，要對付這種資訊焦慮症，最大的鎮痛解熱劑就是那些洋書店的櫥窗，只要一進到書店，貴的、便宜的都不是問題，只想找到「那本書」，就是別人沒看過的那一本！省下買 Levis 501 牛仔褲的錢，只為了買那本又大又重的精裝書，騎摩托車還要用大腿緊緊夾著，深怕過度震動會讓書有絲毫損傷。

但這些購書的艱辛都不算什麼，真正的災難是買回家之後才開始！先是興致勃勃地翻了半天，竟然發現沒有半張照片跟自己的設計作業有關，英文不好的人連裡面的說明都看不懂。這時開始有點後悔當時應該買牛仔褲的，於是決定發揮沒買牛仔褲的代價，就從中挑了一張漂亮的照片，通常就是讓自己決定買這本書的那一張，而且整本書還只對這頁有感覺。

在那個沒有電腦的類比時代，挑好照片之後除了親自手繪，實在沒有別的辦法把這些女神般的圖片用在自己的版

面上。沒錯,只能認命花很久的時間,把書本裡的美圖轉繪進自己的作業,心想:「牛仔褲,你死而無憾了!」再帶著花大錢的後悔心理,把那張徹底臨摹失敗的手繪版美圖,連同醜的模型一起帶進評圖教室。當同學把每個人的作品在評圖台上一字排開,你立刻在心中暗暗說了「Fxxk」,原來是另一位同學也翻到同樣的案例,而且還是在廉價的裝潢雜誌上發現的,那位同學就因為雜誌廉價所以不心疼,直接把圖片裁下來,貼在自己的圖面上……他贏了,他的設計贏了,而且錢也花得少。

老師從來沒教過怎麼看案例、怎麼運用。出了社會從事設計工作的時候,業主也不會讓你有機會參考案例,而是「照抄案例」。我相信大家都聽過「抄襲是創作的一部分」,這句話非常正確,但我想改成:「透過原汁原味地抄襲(臨摹)美好的作品,讓手、腦、眼、心把作品的每一分都刻進身體裡,變成個人創作的養分。」有了這樣的心情之後,就可以開始進行臨摹案例。

 第一步 先找有案例全貌的鳥瞰照片

建築師考試的透視圖,著重圖面說明能力,因此太過情境的透視圖不會是得分原因。若要有效運用案例,可以先從具有全區鳥瞰圖的案例著手,這類的圖片最容易在競圖相關的期刊或網站找到。

全區鳥瞰圖的最大特色,是可以清楚看到建築的量體安排、立面的細節分佈、各個主從開放空間配置的連結與排列。當你在正式開始臨摹案例前,必須有準備好的資料,做為臨摹前的分析與研究。

 第二步 分析量體的連續幾何構成

大部分的人在學生時代都學過基本設計,而基本設計的原理與目標,是為了讓設計人掌握圖畫裡的各項繪圖元素,在比例、排列、色調上的相互關係。用在建築上,可以是建築立面的量塊、材料、細部等建築元素的安排與設置。

開始描繪建築案例之前,應該先用平面、立面,甚至剖面等 2D 圖畫進行理性分析,因為建築可說是由幾何連續形成的,進而圍塑出有意義的空間。在還沒示範如何臨摹之前,請大家先用空想的,想想一些著名的建築案例。

案例說明
Case Description

元素一 ▶		2 個橫躺的 長方形塊。
元素二 ▶		3 個站立的 微胖長方形。
元素三 ▶	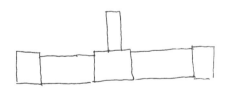	重點元素， 1 個瘦高的長方形。
元素四 ▶	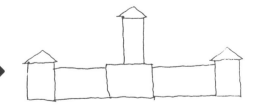	3 個三角形。

總統府

這就是構成總統府的基本立面量體，當然還可以加入更多細節。

你問我最後那本跟牛仔褲一樣貴的書到哪裡了？隨著期末評圖一起被堆到床底下，和那些不能曝光的美女寫真集一起養灰塵。

案例
CASE

富邦大樓 立面拆解

① 一個大ㄇ形框，框住整個建築。

② ㄇ形框內有個漂亮的玻璃塊體。

③ 玻璃塊體被四根柱子架高，像飛起來一樣。

④ 塊體的後面有兩片大牆，像背景般成為有層次感的背景量體。

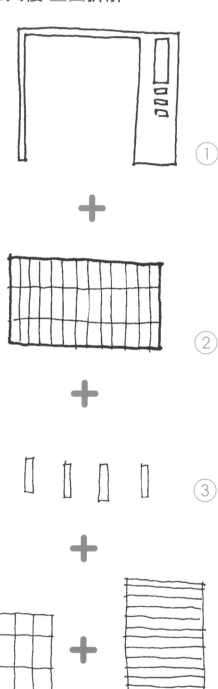

①

+

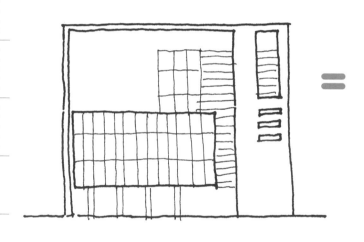

=

②

+

③

+

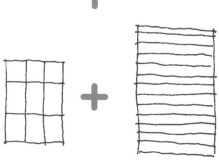

+

④

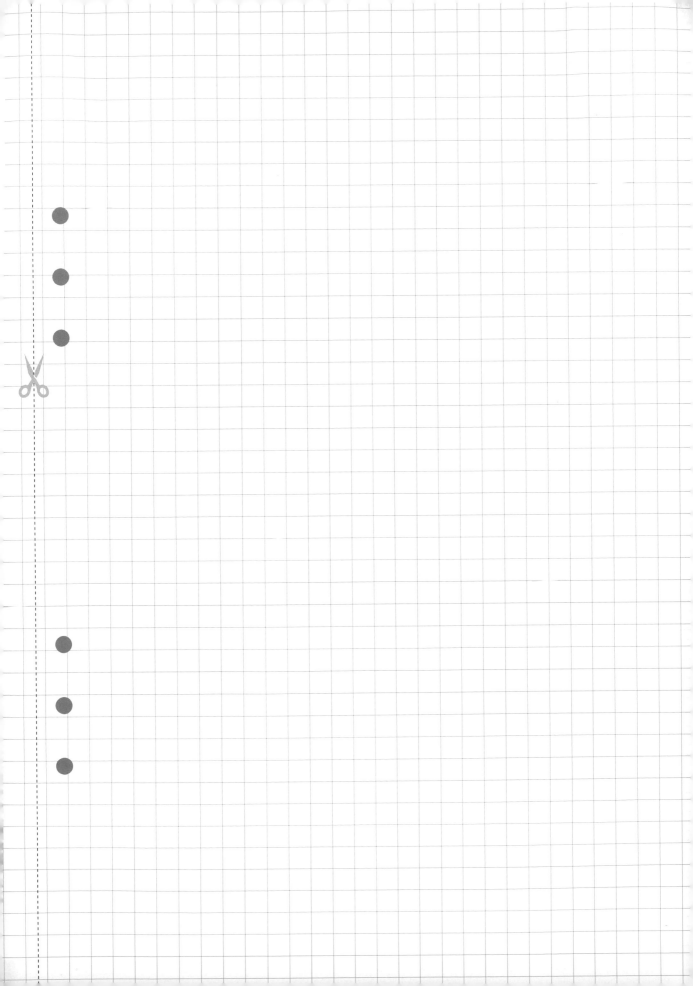

量體拆解練習題：

  —————— **富邦大樓 平面拆解**

① 大ㄇ形框，其實是一個中間鏤空
的框架。

② 玻璃量體在平面裡，其實又大又
笨重的卡在ㄇ形框裡。

③ 產生層次感的量體背景，小小
的，還分了兩個。

④ 玻璃量體化成薄薄的外牆。

⑤ ㄇ形框上的格柵。

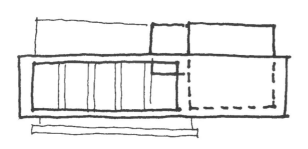

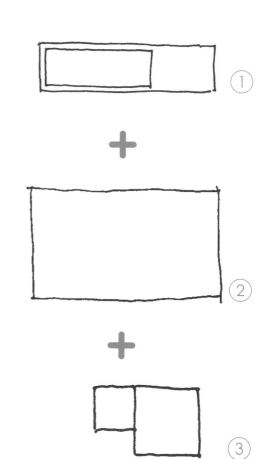

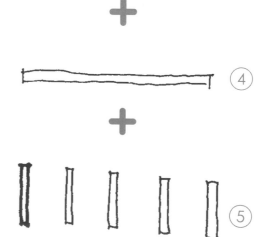

元智電通大樓 立面拆解

① 案子的最上層很多開口的量體加上一個空洞，像是挖了一個洞的菜瓜布。

② 用幾枝牙籤撐住上面像菜瓜布的量體。

③ 再加一個菜瓜布，但只有左半段。

④ 像美工刀片的量體

⑤ 再加入幾枝牙籤，中間有個平台和樓梯穿越其中。

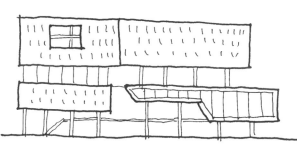

量體拆解練習題：

B ———————— 元智電通大樓 平面拆解

① 彎彎的紙片構成平面的主量體，
　左邊用虛線切一個破口。

② 像美工刀刀片的量體在平面只是
　簡單的方盒。

③ 左半邊有一個歪斜的玻璃量體。

④ 穿越建築中心的平台階梯。

①

+

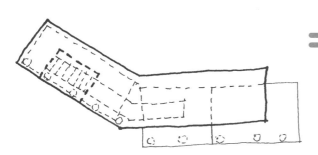

=

②

+

③

+

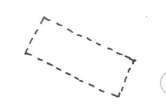

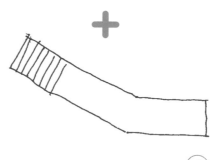

④

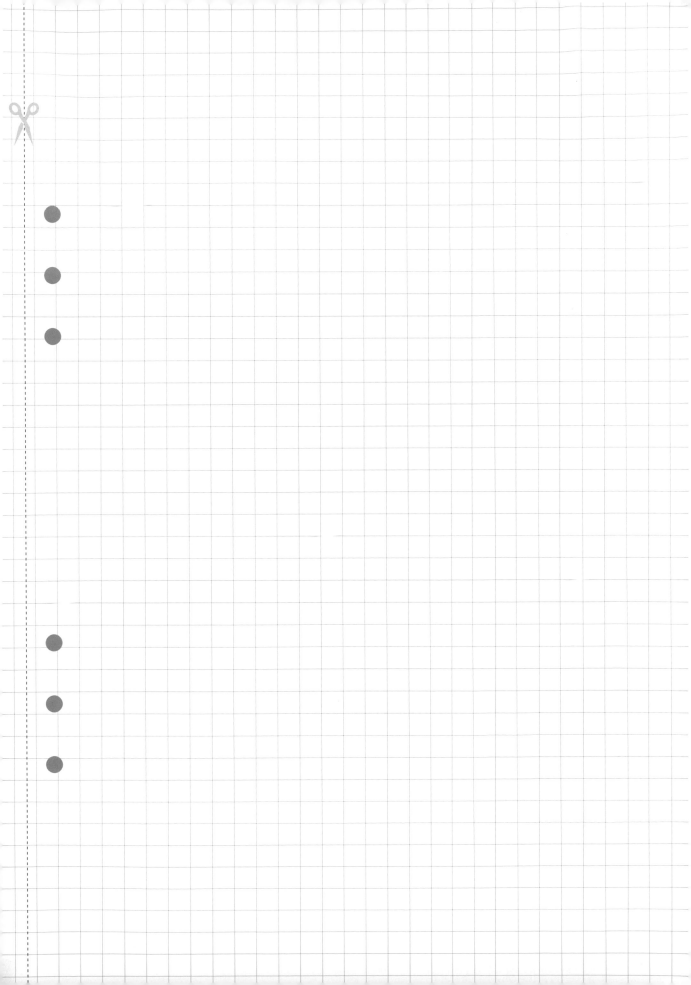

案例
CASE

C ——————— 實踐大學 立面拆解

① 水平的主要量體。

② 加入水平的分割線和兩個小開窗。

③ 地面層的階梯平台。

④ 右邊的獨立量體，加上兩個小開窗。

⑤ 左邊的水平量，往上撐住第一個主
　要量體。

⑥ 加入水平的分割線。

⑦ 像菜刀的垂直量體，用兩根棍子撐
　起來。

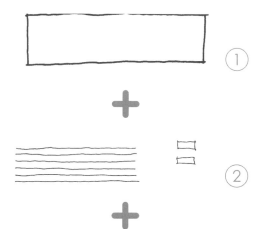

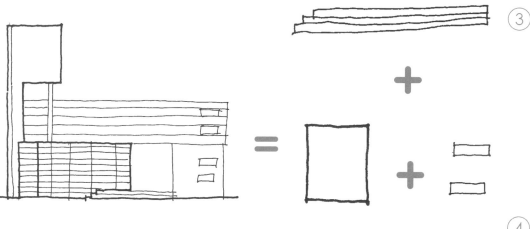

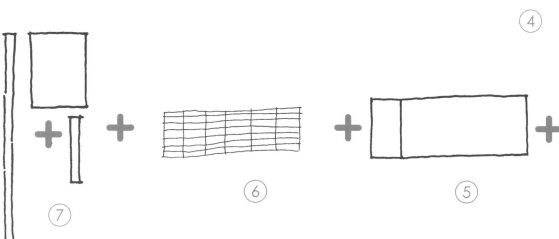

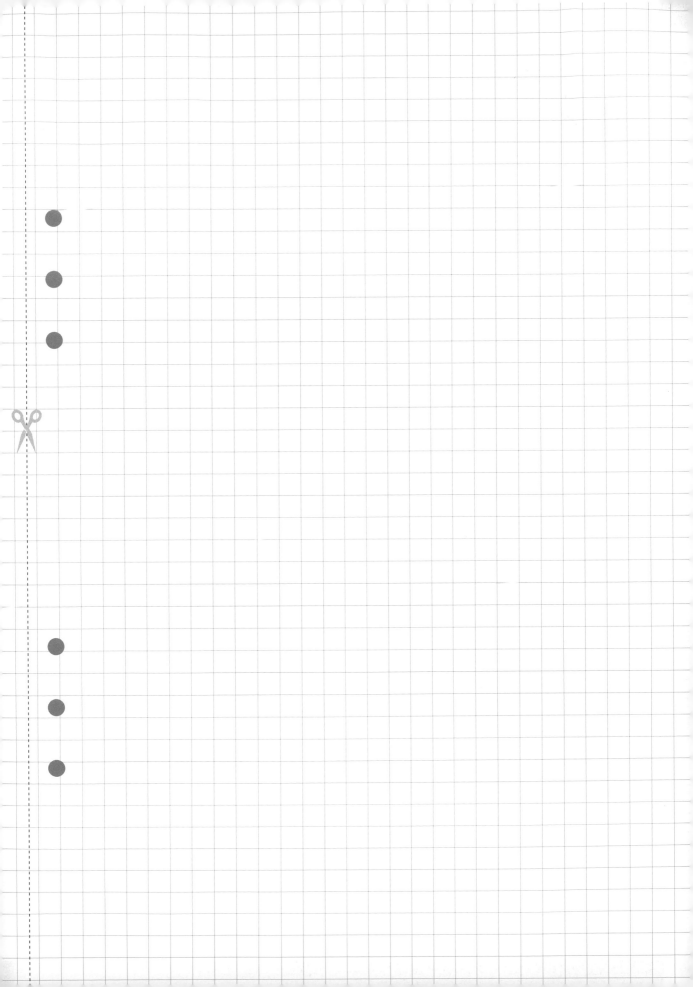

量體拆解練習題：

實踐大學 平面拆解

① 右邊的小量體，像菜刀的垂直量體。

② 細長的主量體。

③ 很小的平面。

④ 階梯平台。

⑤ 斜斜插入開放空間的量體。

⑥ 包覆在斜量體外的水平分割線。

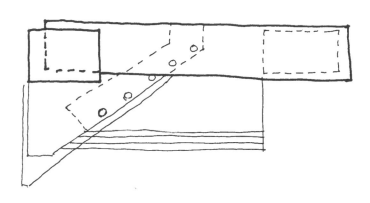

＝

① ＋ ② ＋ ③

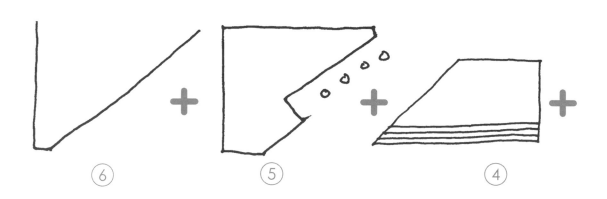

⑥ ＋ ⑤ ＋ ④ ＋

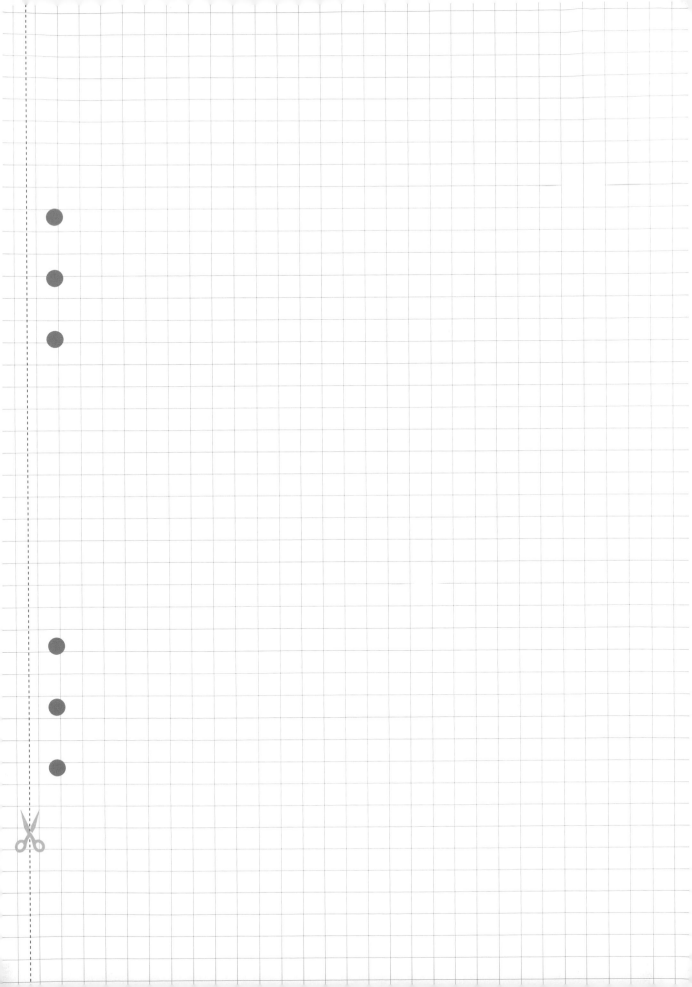

TITLE 2-3 等角透視圖有 四大完勝點

大家都知道做設計的人要看案例，但不能像前面幾頁那樣只是傻傻地看，還需要「可執行」的方法將案例 in-put 到腦子裡。要做到 in-put，除了照抄，還有前頁說到的分析成平面、立面，再轉繪成透視圖。這裡要強調一點，透視圖指的是等角透視圖，不是消點透視圖，我來跟大家說明一下理由：

1 不能隱藏缺點

「等角透視」是現實中不存在的視角，既不能美化建築，也不能隱藏缺點。只能老老實實地、完整表現特定角度下的建築。

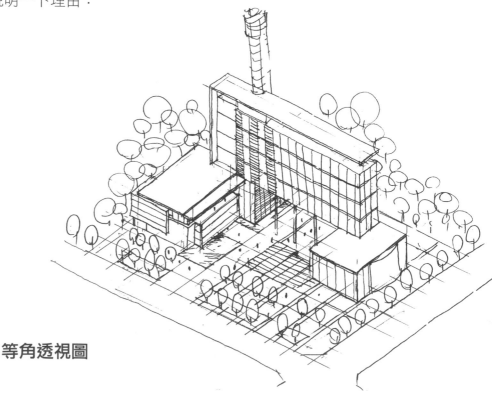

等角透視圖

2　能夠驅動繪圖者思考

　　等角透視其實是平面與立面的組合，並且是組合後的思考延伸。如果看一個案例時有先分析平面和立面量體，畫等角透視的時候，就是重新提出腦中的分析圖像與結果，並加以組合。組合的過程除了強化對案例的印象，也會找出最早畫平面、立面分析圖與華麗照片中，沒有發現的部分，也就是被視覺習慣矇蔽的部分。當你發現這些有趣的隱藏角色與細節後，才算完成對這個案例的體會與觀察。

消點透視圖

3 有助於思考建築量體與環境的關係

消點透視圖最美的地方，是透過觀點的移動，在圖像上放大與壓縮空間；既可以放大漂亮的部分，也可以壓縮你沒想清楚的地方，這通常會是設計思考最重要的部分——環境。但是畫等角透視圖時，少了觀點移動的優勢，必須誠實面對環境特質與問題。

畫平面的時候，想的是地點與相鄰環境的關係；畫立面的時候，想的是垂直向度上，機能與量體的關係。這些圖畫思考很難帶入 3D 的量體整合，如果在學習案例時能以等角透視的方式臨摹繪製，就可以讓腦袋提早習慣將整體環境帶入設計思考。

4 可代表所有考試要求的圖畫

無論是高考、特考、建築師考試，都會要求很多設計圖畫，例如配置圖、立面圖、平面圖。以我們讀書會要求的設計操作流程來說，透視圖會先於平面、立面和剖面圖，這時等角透視圖會是最早完成的正式圖面；在時間緊迫的情況下，具有尺度和比例的透視圖，理論上可以做為配置圖、立面圖與設計說明的替代圖畫。

NOTE

畫等角透視的好處
- 顯示所有的設計重點
- 驅動大腦圖像化思考
- 完整結合建築與環境的關聯
- 可做為有比例與正確尺度的圖畫

等角透視技法實作：

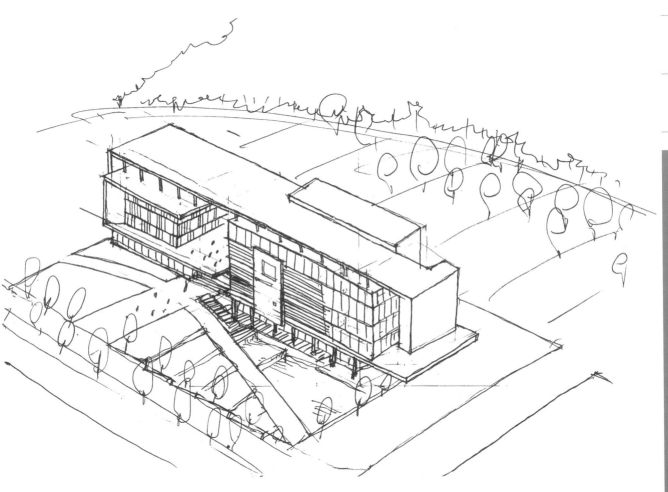

① 開始畫等角透視圖

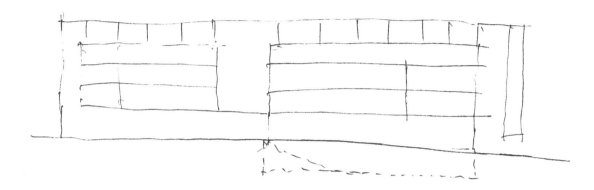

2 眼中對案例照片的立面想像

（請參考 P014 的量體拆解）

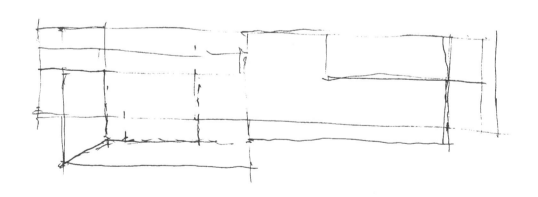

3 眼中對案例照片的平面想像

（同上）

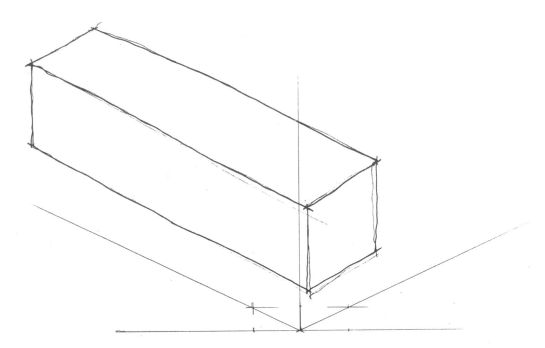

④ 畫出笛卡爾的座標軸，當然也是你畫這張的
參考軸線，並且畫出一個陽春量體。

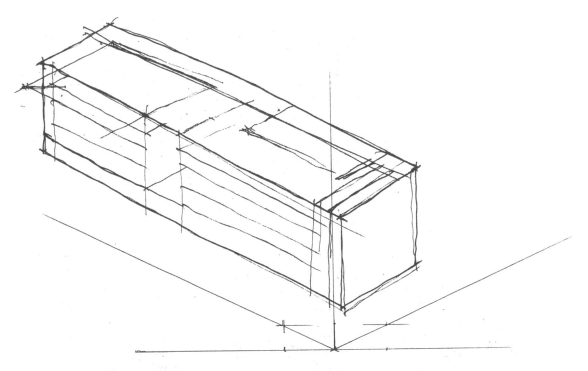

⑤ 把剛剛畫的眼中的平②、立面③，參考座
標軸③的角度，換個方向，映射在「陽春量
體」④的立、平面上。

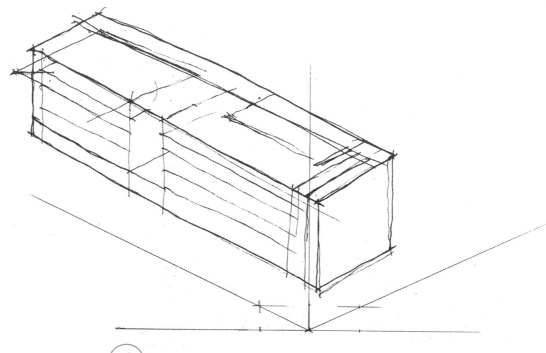

⑥　同前面加強一下輪廓。

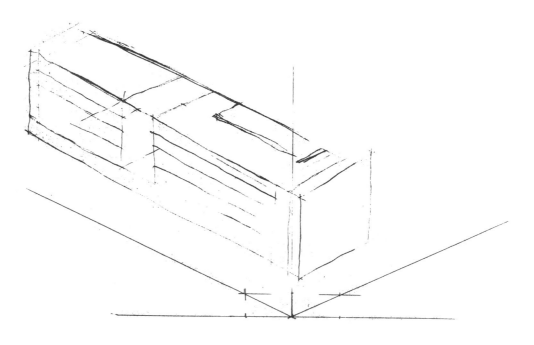

7　用橡皮擦拭去一些不必要的參考線或廢線。
　　要能感覺到橡皮擦其實是畫筆的一種。

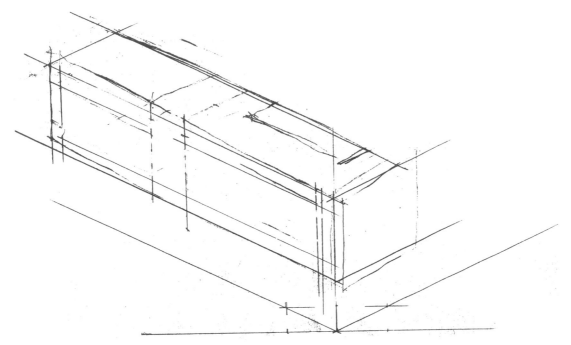

⑧ 再利用尺和座標軸，幫剛剛的圖重新做水平、垂直的定位。

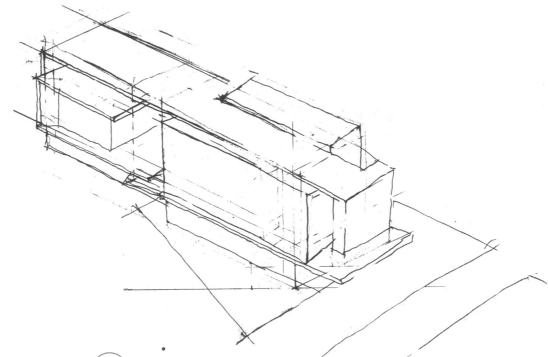

⑨ 已經有了正確角度的線段後，開始加入細節。

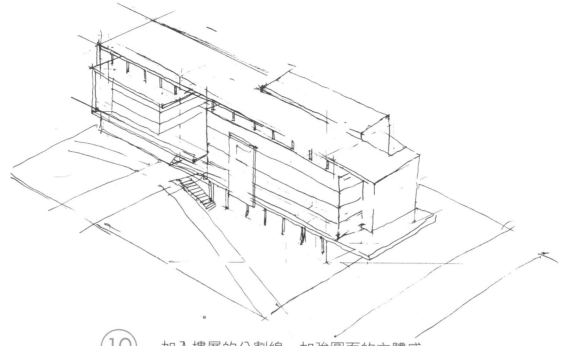

⑩ 加入樓層的分割線，加強圖面的立體感。

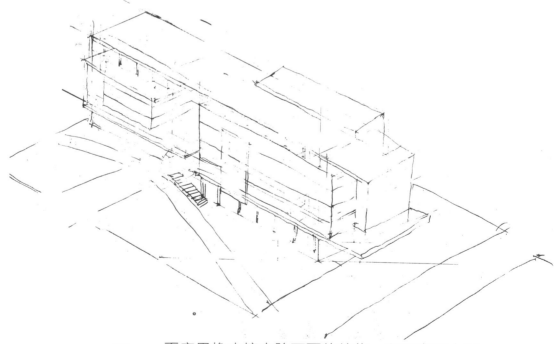

⑪ 再度用橡皮擦去除不要的線條，留下畫面中有
意義的線條。

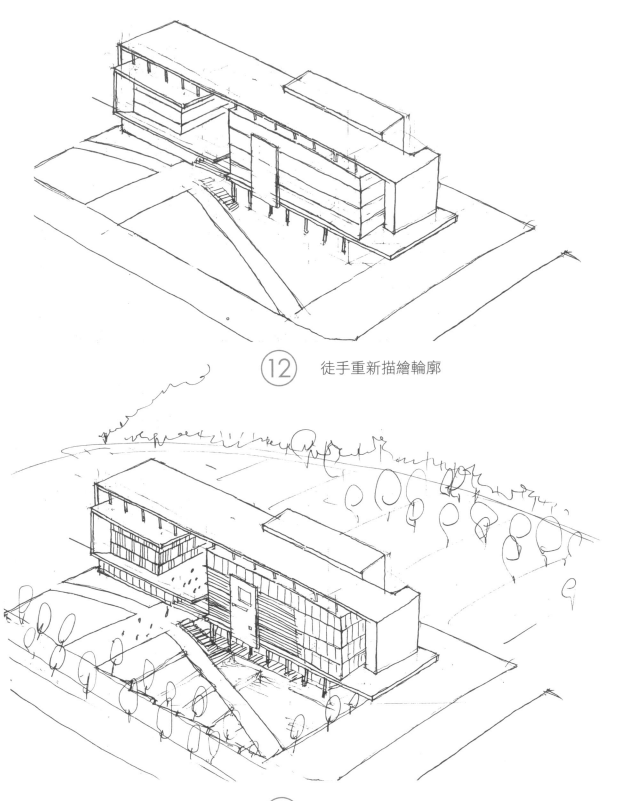

⑫ 徒手重新描繪輪廓

⑬ 加上點景和建築的細節

等角透視技法實作：

B 巴西 Sap Labs Center

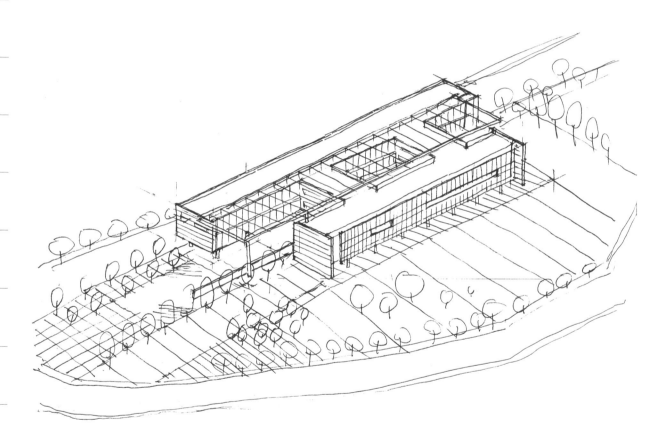

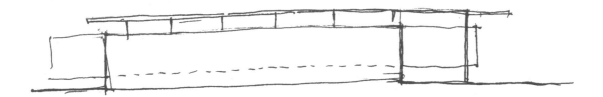

輕鬆畫的案例立面圖
分析出它有薄薄的漂浮頂蓋和厚實
的量體中,有用短柱支撐的空隙。

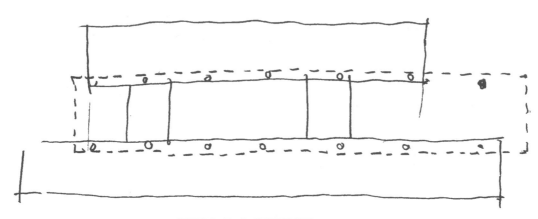

輕鬆畫的案例平面圖
漂浮的頂蓋其實是兩個量體中間的
半戶外空間。

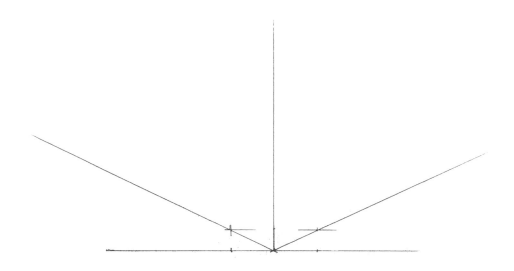

① 畫出笛卡爾的座標，讓自己知道，建築物要跟著三條線跑。

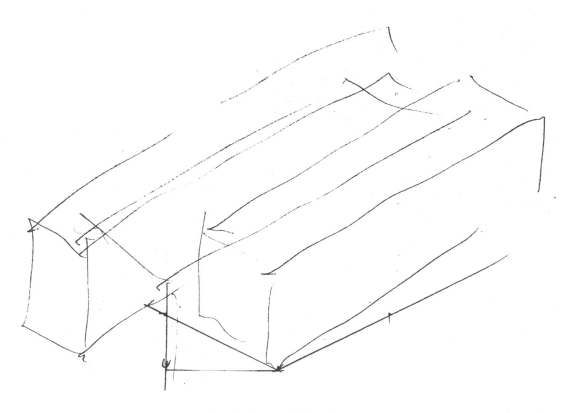

② 不要想太多，很快把你看到的、分析完的
量體，沿著座標線畫出來。

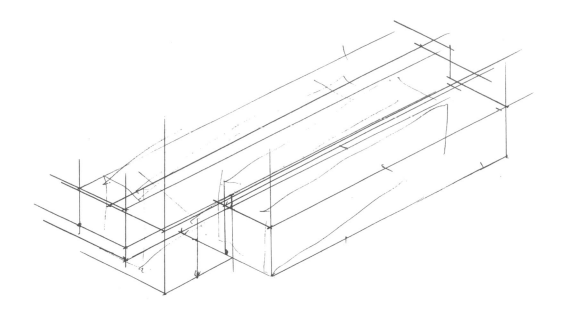

③ 亂七八糟的圖，參考座標線重新拉垂直與
平行。

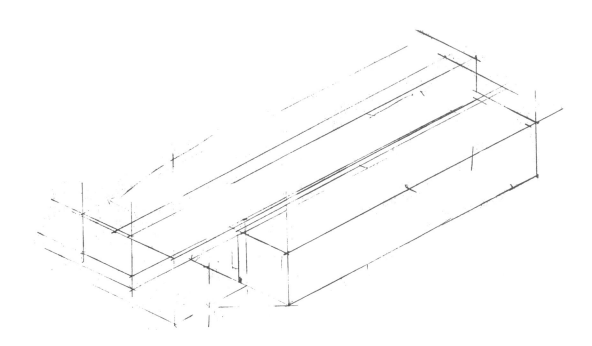

④ 用橡皮擦擦掉不要的線條，留下正確的線段。

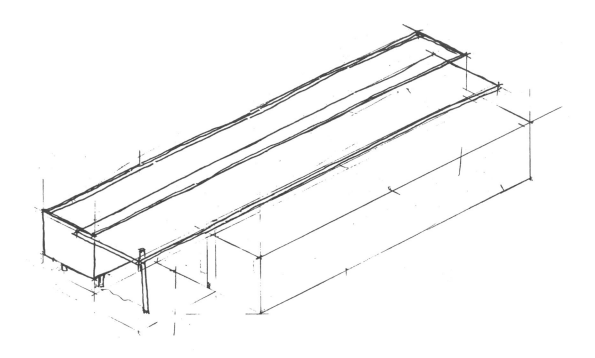

⑤ 把量體的外框，先稍微加重線條描繪出來。

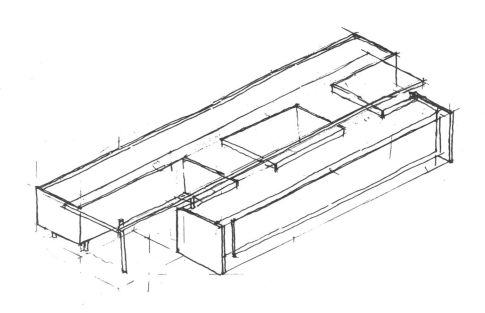

⑥ 將量體內，畫出不同進退變化的「次要小量
體」與「層次」。

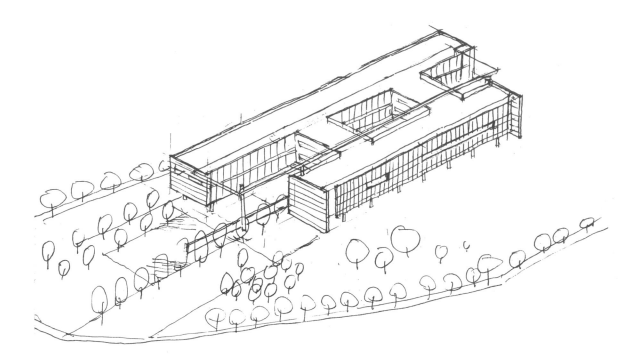

⑦ 加入地面的景觀與立面的細節。

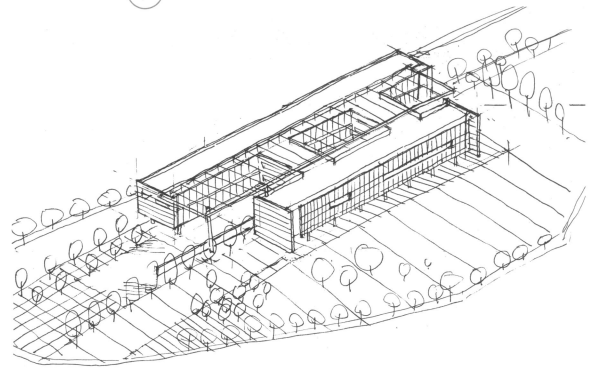

⑧ 加入地面細節和半戶外空間的格柵，完成。

案例轉換與建立圖面風格
拉昇、推移、轉旋、縮放

案例思考是在練習基本功，既然**是基本功**，就**沒有速成法**；
但是跟運動一樣，要學好正確動作，才能穩紮穩打。
最後也要**建立個人的建築造型風格**。

讓大腦熟悉做設計的許多小動作

大腦就像一塊肥肥的肌肉，「做設計」就是像跑步、游泳一樣的大腦運動。運動時要練習一些基本動作，讓肌肉記住運作的感覺；做設計也一樣，若想要產生自己的設計風格，就要讓大腦熟悉很多做設計的小動作，然後逐步將這些小動作串成一個連續過程。如果過程流暢，代表你已經有了自己的設計風格和哲學，就像一個厲害的設計運動員；如果畫圖時還是會不順、卡卡的，就像動作不協調的運動員，成熟度可能比沒運動的弱雞還差。

就像練習游泳一樣，練習設計時，也可以藉由模仿來訓練肌肉完成記憶動作。而我們讀書會有兩個趣味練習，一個是案例變形，一個是重複臨摹。

拉昇、推移、旋轉、縮放

案例變形是挑出我們喜歡的案例，利用「拉昇」、「推移」、「旋轉」、「縮放」，變形案例中的量體元素，並且與我們正在設

　　另一個重複臨摹，是一次將十個以上
的設計案例，套入同一個基地，用不同的
案例在同一個基地裡，產生設計過程的化
學變化。

　　這兩個練習都像游泳、慢跑一樣，動
作學會了，速度和距離就會突然大幅成長，
讓你覺得自己不一樣了。「喔耶！」的感覺
是做設計很開心的成長經驗。

　　接下來，我示範兩個案例，教大家如
何將「案例分析」轉換成「自己的設計」。

轉換示範
Demonstration

轉換案例的<u>立面元素</u>，
成為自己案子的立面。

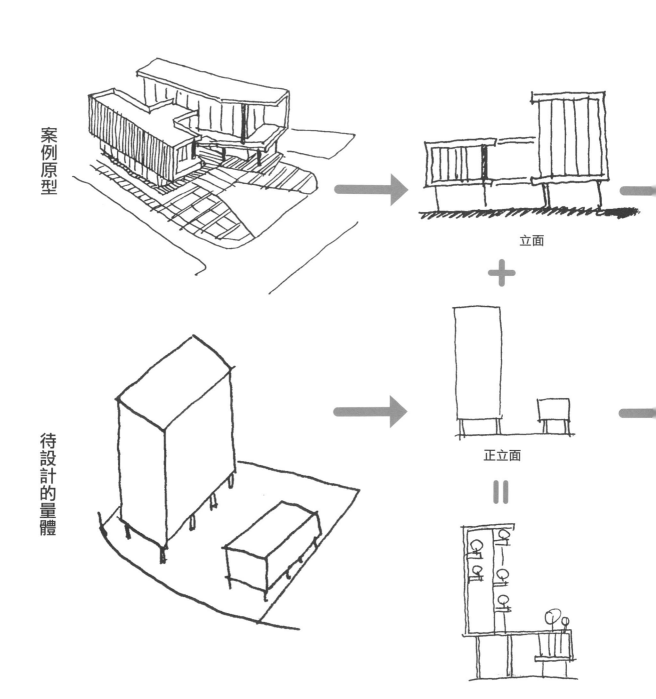

案例原型

立面

＋

待設計的量體

正立面

＝

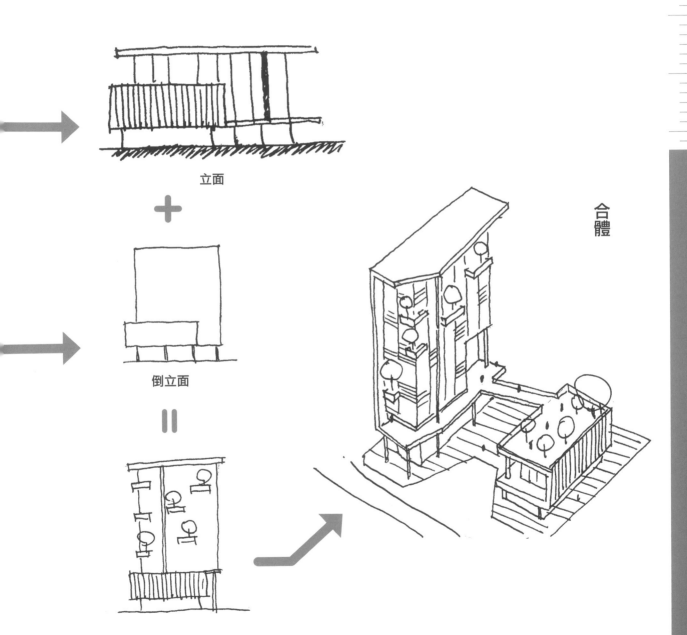

立面

倒立面

合體

轉換示範
Demonstration

B

用案例的平面元素，轉換成
自己的設計元素。

原始案例

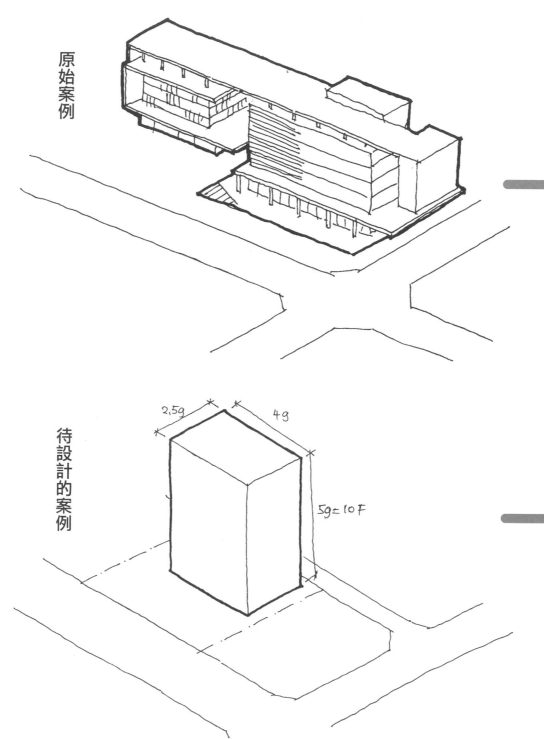

待設計的案例

2.5g
4g
5g=10F

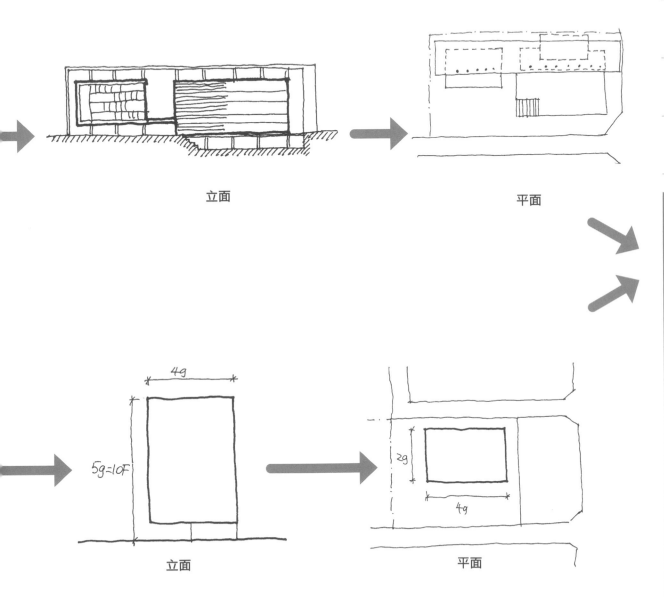

立面　　　　　　　　　　　　　　　　　　　平面

立面　　　　　　　　　　　　　　　　　　　平面

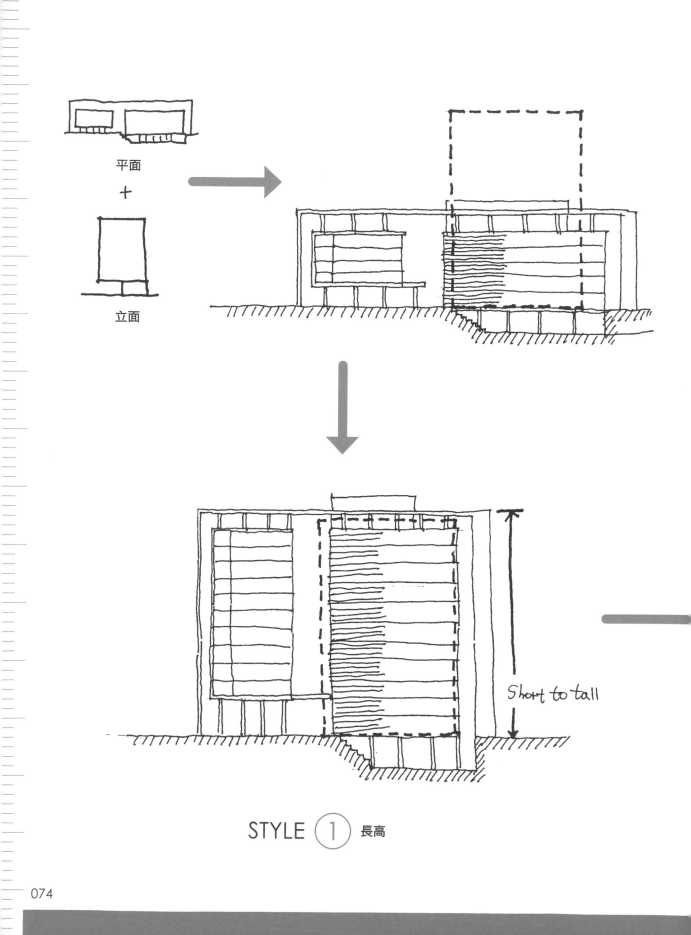

平面

＋

立面

Short to tall

STYLE ① 長高

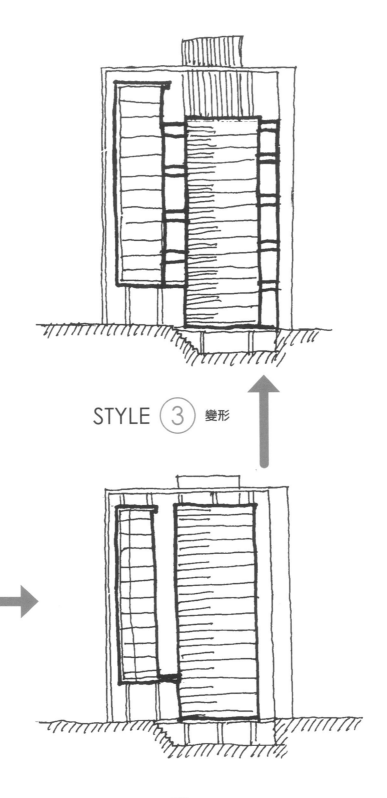

STYLE ③ 變形

STYLE ② 變瘦

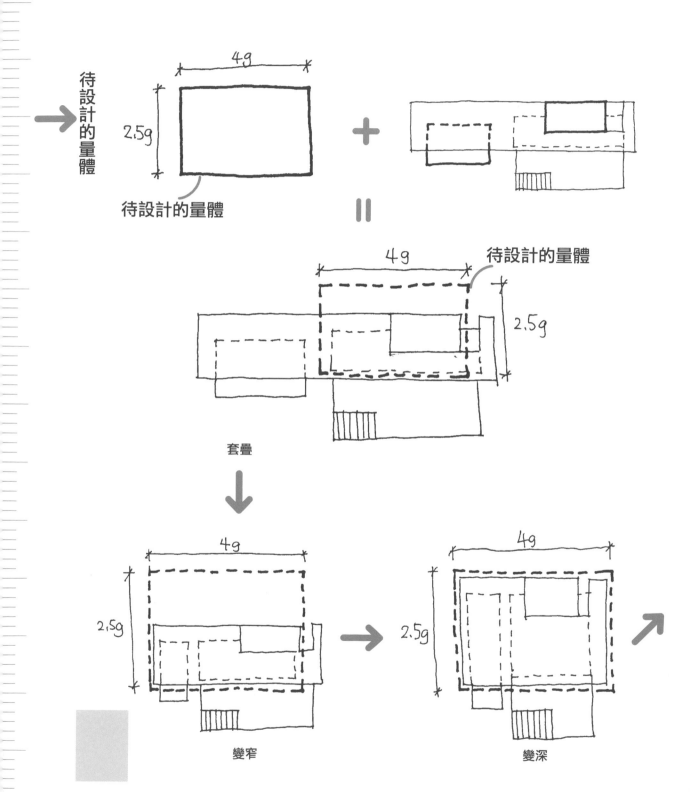

待設計的量體

4g

2.5g

待設計的量體

＋

＝

4g

待設計的量體

2.5g

套疊

4g

2.5g

變窄

4g

2.5g

變深

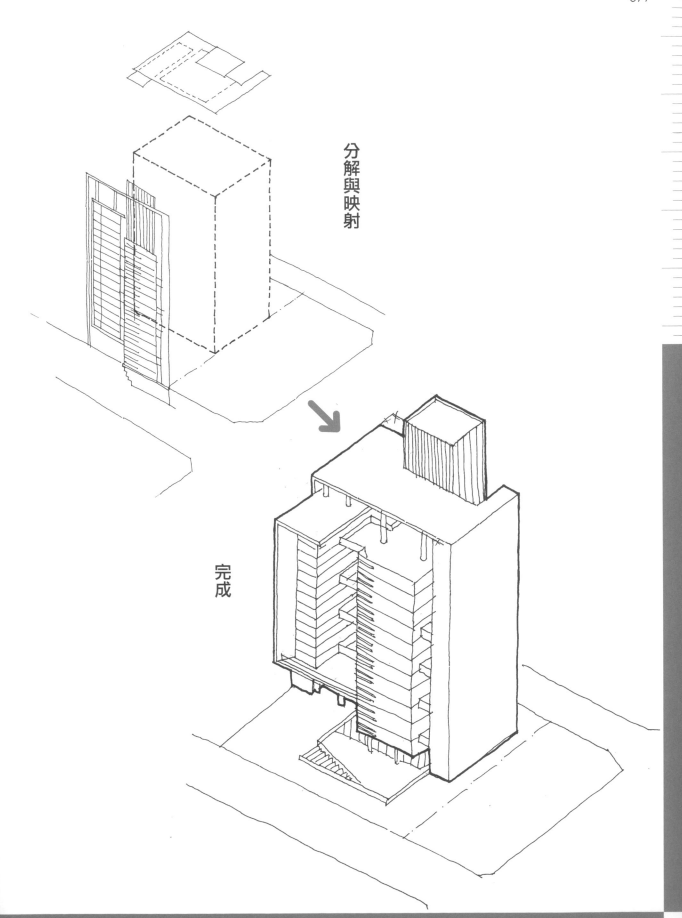

分解與映射

完成

TITLE 2-5 塑造你的繪圖風格
視角與手感小物的神奇

幫設計增加想像的圖面小物

任何一個設計如果沒有人、樹、車這些有趣小物，就好像一個少了靈魂的傻子，只是一個不容易被看到、沒有情感的小角色。這些小物沒辦法在圖面上複製，也不能量測，只是很直覺地用手將腦中圖象呈現出來；所以，這些小圖最能直接反應設計者對一個空間的情感與想像，是表現手感與風格很好的機會。

當然這本書不是要教你變成設計或畫圖大師，而是要讓你享受思考設計的樂趣。後面你將看到我的示範，可能會很失望，因為都不是帥氣、華麗的圖面，只會是一些好笑的簡單元素組合。我也不會說自己的手上功夫有多麼了得，但我知道這些活在我圖面中的小人、小樹，是被我賦予靈魂、充滿活力的神奇角色。

先瞭解三種不同的視角，才能進一步掌握自己的手繪零件小圖。

鳥瞰

直視

透視

設計中的點景
—— 個人畫圖風格的建立

人 ———————————————————— 「人」的組合

很遠的人 ▶ ◯ ＋ ⬤ ＝ 👤

略遠的人 ▶ ◯ ＋ ▢ ＋ ⬠ ＋ ∥ ＝ 👤

很近的人 ▶ 😊 ＋ 〰 ＋ ▢ ＋ ⬜ ＋ ⬦ ＋ ⬦ ×2 ＝ 👤

———————————————————— 不同人數與距離

	一個人	兩個人	一家人	一群人
很遠的人 ▶				
略遠的人 ▶				
很近的人 ▶				

車

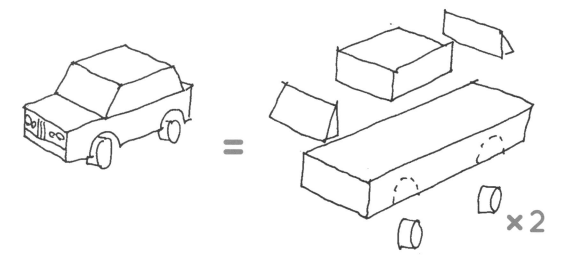

正直視

081

鳥瞰

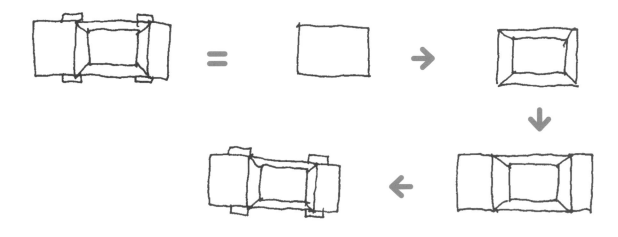

側直視

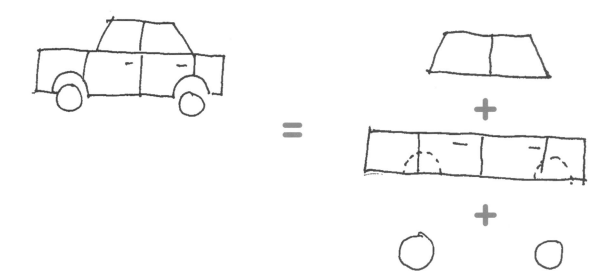

樹

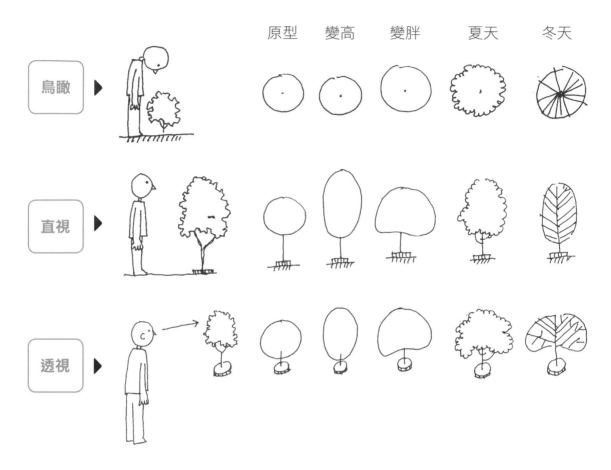

| | 原型 | 變高 | 變胖 | 夏天 | 冬天 |

鳥瞰 ▶

直視 ▶

透視 ▶

More

很多樹 ▶

很遠的樹 ▶

建築中的
零件細部

──────────────如何畫一個帥氣的格柵

① 畫一個帥氣的矩形，不能是
   正方形。

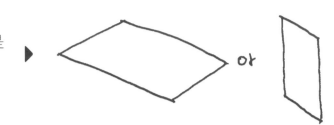

② 為這個帥氣的矩形，加一個
   深度。

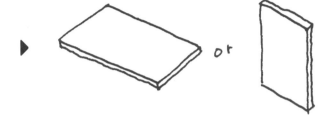

③ 再加一個「細細」的框。

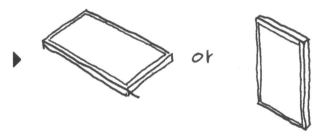

④ 加入隨興的格柵線段和垂直
   的小線段。

⑤ 保留格柵後面的線條，產生
   若隱若現的感覺。

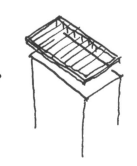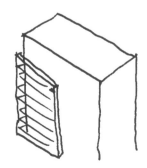

TITLE 2-6 臨摹練習的 注意事項 ×8

練習把時間控制在 30 分鐘內

　　除非已經是老鳥考生，很清楚時間緊迫，得分秒把握。否則大部分的人，尤其是剛準備考試的菜鳥，很容易忘記控制時間。少了對時間的控制，有兩個缺點。

　　缺點一：時間太長，精神容易渙散，不容易專注。唸書的時間永遠不嫌多，不專注就是浪費生命，還不如把時間拿去看電視。

　　缺點二：畫圖是大腦肌肉的運動，做運動就需要時間的節奏感。漫無目標的畫圖沒辦法建立大腦的節奏感，一旦少了節奏感，就很難讓大腦有效率地一步步提出收在腦中的千萬經驗與訊息。

如何練習

❶ 設定鬧鐘倒數 30 分鐘。

❷ 設定完成目標，例如完成一張透視或一張立面分析。

❸ 開始畫圖與倒數。時間到就停筆並紀錄。

❹ 思考操作時影響進度的障礙。

❺ 調整目標，重新開始。

務必使自己在 **30 分鐘內**完成目標圖畫。

NOTE

- 根據不精確臨床實驗證明，一個小時最快可以完成三個案例的「平、立、透」的完整分析與臨摹。

用筆的方法

❶ 挑一隻重量適中，可以利用筆身重量，帶出鉛筆碳粉的筆

畫圖的手應該是不用「出力」的，出力代表你的思緒留在線條的品質上，不是在案例的組成。且過度施力會在圖紙留下無法抹去的筆跡，很容易讓畫面品質變得髒亂，進而影響你的思考。

因此筆勁要輕，在圖紙上出現的是筆芯本身該有的濃淡，而不是太過用力，逼筆芯產生更濃厚的色調。

❷ 學會把橡皮擦當筆用

很多時候，為了快速地用筆將瞬間思考記在圖紙上，會出現不斷重描的筆跡；也有可能是需要的線段較長，只好重複描繪讓線條能連續完成。但最後成果常常是滿佈的「狂亂」線條，完全無法構成「圖面」，這時候你需要另一隻可以幫你整理思緒、釐清線條的筆——就是橡皮擦。

橡皮擦在畫圖時的功能不是「修正帶」或「立可白」，它不能完全抹除錯誤的部分，它真正的功能是讓正確的線條「浮出圖面」。使用橡皮擦時，請「輕柔」對待，輕輕擦拭「狂亂」的線條。運用較重的力道，多擦掉一些不喜歡的線條；以輕輕的力道，讓正確的線條成為淡淡的筆跡，讓你可以再一次描繪出漂亮的線條。

❸ 運筆要慢

用安安靜靜的心，穩穩慢慢的完成每條線段。畫建築的圖，除了發想階段會有比較寫意的線條和筆觸外，進入設計整合與分析階段，線條應該是紮實而穩定的，這個紮實和穩定就來自運筆速度的要放慢。

每條線段的筆觸，可以帶著你的思緒如同穩定的泉水，從可能的縫隙涓流而出。除此之外，也可以降低畫面修正與擦拭的機率。

❹ 適當的圖畫大小

手因為構造的關係，要畫直線線條會有長度限制。所謂的長度限制，指的是畫出較直且穩定的線段。每個人的較優線段長度不一樣，而這個「不一樣」也影響到圖畫的大小。也就是說，當你畫太大的圖面時，為了追求線段的圖畫品質，可能會將注意力集中在線條，而不是空間的量塊相合與環境線索。

以建築師考試而言，最適當的練習大小約是半張 A4 範圍。這樣的大小畫出來的建築雖然小，但可以讓練習者學會，如何適當地將圖面填入版面區塊；練習時也不至於費心力在圖面的品質上。

❺ 臨摹的案例，每次都要「畫兩遍 + 兩個視角」

臨摹案例照片時，通常第一張會順著案例的圖片視角，去轉繪成我們需要的分析用等角透視圖。但因為這個視角很容易淪為視覺麻痺，為了讓自己的腦袋能夠與眼睛脫鉤，可以嘗試換個透視圖的視角，逼腦袋以非慣用視角重新思考，當處在另一個視角時，該如何重現案例的形體與量塊組成。（請參考 87 頁左圖說明圖。）

這也就是一個案例臨摹兩次以上，讓腦子可以全面思考組成方式。

❻ 透視圖夾角要能看到案例全貌

等角透視圖的透視夾角控制，會影響圖面的表達效果。建築設計的圖面重點是表達建築與環境的關係，若透視夾角過大，會讓圖面顯得以環境為主；反之若夾角太小，則視覺容易聚焦在建築上，缺乏建築與環境的關係。建議適當的角度為 1：2 的邊長關係。（請參考 87 頁右圖說明圖。）

❼ 用白紙，不要用方格紙

市面上有很多帥氣又有氣質的格子紙筆記本，方格紙是幫助你畫出穩定線條的重要工具，但是之所以不要你拿來用，有個重要原因就是，格子紙會讓你的手和腦變鈍；如果用白紙練習，手與眼會專注在構成量體的點與點之間。

也就是為了完成腦中的空間組織，眼睛會不斷將圖紙上相對的空間訊息傳給大腦，好讓大腦將這些訊息轉為給手的要求指令，讓指頭控制筆尖，完成空間中相對位置的連線。如果今天是在格子紙的狀態下練習案例，眼睛追蹤的就不是圖紙的空間，而是密密麻麻的水平

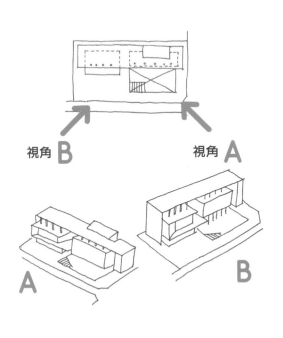

視角 B   視角 A

❺ 臨摹兩個視角

美好的透視
夾角 1：2

太大的夾角，
視覺焦點以
地面層基地
環境為主

太小的夾角，
缺乏基地環境
的視覺範圍

❻ 不同夾角大小比較圖

線和垂直線，少了對空間的定位與判別。所以，若要讓大腦空間化思考，先從丟掉格子紙開始吧！

❽ 從簡單的形體開始找案例

前面的章節說明了如何「觀察」並「分解」案例。兩個動作是找出案例中的方形塊體，用腦子思考方塊體的不同分佈與高程。

尋找案例時應該以量體構成單純、形狀簡單的為主。才不會在養成分析腦之前造成分析失焦、下筆痛苦的窘境。

除此之外，量塊與空間的關係，是一種圍塑程度的控制；很多形體複雜的案例，會因為建築線條的視覺效果，削弱建築與環境的空間感。

ARCHITECTURE
MASTER CLASS
SPATIAL THINKING

第 三 章

CHAPTER THREE

練習有個
建築師腦袋

刺激大腦，
用空間作思考媒介

TITLE 3-1 刺激大腦的 5個方法

外在的人、事、物如此多樣，只聚焦關鍵的腦袋不會通盤吸收，
大部分都會過濾掉，包含你的靈感契機！
先懂得打造「**文字腦**」，再練習切換成「**空間腦**」，
你的**設計才有機會成形登場**。

❶ 讓頭腦開始對空間有感

講難聽一點，人的腦子只是一塊肉，訓練不足的話，還可能是白白油油的鬆軟肥肉，那麼那該如何讓它變成結實有用的肌肉呢？

小時候做健康檢查時，都有一個奇怪的測驗，就是醫生拿一支小槌子，槌打你的膝蓋，看看腳會不會往前踢一下；這個測驗是為了檢查神經有沒有問題，對外界刺激有沒有反應。同樣的，這個世界充滿了各式各樣的刺激，各種刺激觸動身上所有感覺細胞和神經，有的時候，美食觸動大家的食慾，有些人對汽車造型過目不忘，有的人對美好的音符和聲響，充滿敏銳的感受。

這些外在物件帶來「刺激」，觸動「感覺器官」，再由神經傳導「電流」般的感覺到「大腦」，然後大腦下達「反應」給其它器官去行動。

上述都是外在世界的被動刺激，但是唸書、學設計不能被動，要自己創造被刺激的機會；而且最好有固定的刺激

模式，讓大腦在接受特定刺激時，能夠自動產生感受，像小時候健康檢查的膝跳反射一樣。當你把放在帥車、美食、音樂的外在刺激焦點，分一點給建築空間與使用者，就達到成功的第一步了。

❷ 刺激大腦，從看人開始

當你進入一個環境、場域或空間，除了看帥哥美女，也多瞧瞧還有什麼樣的人，在那裡停留、活動、生活。

人們除了聚在這裡，也會因為空間狀態表現出許多情緒與姿態。想想看這些人在這裡的心情與生活，想想看他們為什麼要在這裡；想想看有什麼方法可以利用空間設計，提升他們在這裡的活動與生活品質。

也許你看了他們的樣子之後，沒有什麼直接的感受刺激，但至少記下他們的樣貌和周圍環境特色。和他們在這個場域、空間裡的行為與活動，觀察這些

人事物的舉動，就像街頭攝影師透過鏡頭和畫面，詮釋他眼裡的世界，我們則是用空間的手法來關懷場域中的所有角色和場景。當然這些空間內的元素也會形成你日後的設計養分。

❸ 追蹤文章裡的空間關鍵字，逼大腦運作

讀任何一篇文章，除了尋找自己關心的故事與活動，也請將眼睛焦距對準「空間」的相關字眼，讓大腦習慣性地從文字堆裡找出發生這些事物的「空間」。找到這些「空間」的描述字眼後，第二步找這個空間的使用者，也許是文章或故事主角，也可能只是配角或背景角色。找到這兩個要素之後，再去想想因他們而產生的是怎樣的故事，「主題」是什麼。

也許作者已經先訂好主題了，也或許沒有；如果沒有，你可以自己設定。

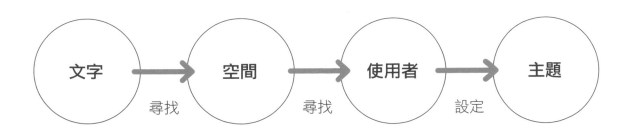

❹ 善用 Google，找出特定文字的延伸資訊

你漸漸會把注意力從非空間轉為空間，空間中的帥哥美女轉為空間的使用者，無聊八卦轉為八卦背後的主題與組成。這些構成文章的訊息，透過轉換成為文字，儲存在你的瞬間大腦記憶。

這時，請將這些文字化的訊息丟進 google，讓 google 為你尋找這個文字的相關延續資料，結果可能是相關的新聞或研究，也有可能只是無聊的廣告。當你在這些資訊海中尋找有用的資料時，你的大腦已經開始反覆處理觀察到的文字化訊息。

恭喜，你開始思考了！

❺ 練習寫自己的空間劇本

在後面 3-4 章節，會跟大家說明「五段式」的文字分析方法。這個方法會產生一個簡單的程序，讓大腦可以順著這個程序，將文字推導出空間。

在這之前，你可以練習如何找出一篇文章提及的「使用者」、「空間」和「環境特質」；而些東西組成的文章，就是你個人的「空間劇本」，可以做為你進入設計世界的堅強基礎。

　　如果你像我一樣，能夠體會出所謂
的建築師該有的基本能力，我相信當你
看到老師辛苦設計的題目時，一定能發
現這都是為了讓你知道面對題目時該回
應什麼東西，多麼貼心的考試啊！

　　只要有這樣的體悟，你已經是建築
師了，而且會像我一樣，想約出題老師
出來喝一杯，好好謝謝他。

談建築師的基本能力
也是面對人的四個任務

解析題目需求、抽取關鍵詞再提交答案，是「考試」的基本能力；
但是當證照到手的那一刻，請不要忘記拿出「**建築師的心**」。**你
的每一個關鍵詞、每一個設計變化**，都將有活生生的人出入其中，
他們將帶著喜怒哀樂，走過你筆下的虛實量體。

從做設計的目的，我想和大家探討，做設計該有的成果與內容。

1 在題目中找出「四種能力」的要求

教設計進入第五年，漸漸體會到一件事：建築師考試是有水準的。身為考生的時候，常常會聽許多考場前輩說考試是怎樣的折磨人，怎樣的沒水準，完全無法測出專業水準，短短八小時與四小時，完全無法測出考生的設計能力。這些話聽多了，對我們這些考場的小人

物來說，實在是沉重的東西，沉重在大家對它的批評和束縛，而且無論情況如何差，我們都還是得考。

為了這考試，奮鬥了幾年，也在設計的戰場上打滾了幾年；考試時的練習與精神的投入，則像開了瓶的紅酒，加入了氧氣，慢慢散出迷人香氣。我漸漸體會到出題老師的用心，雖然我一直不知道出題老師是誰，如果有機會，很想請他們吃個辣炒脆腸配朝日啤酒，跟他們說聲辛苦了。

怎麼可以化敵為友，突然體悟到考試的美好呢？

為了教這個「考試用設計」，我大概把每個題目都唸了十遍以上吧。在大量讀題的過程中，發現了題目的共同語法，這個共同語法可以導出四個重要的面向，我稱作「考試對考生的四個測試要求」，而這四個測試要求，還可以再簡化成建築師的四個任務，內容如下：

考試對考生的四個測試要求		建築師的四個任務
❶ 建築師要能將社會議題，以「空間的手法」來面對。	⟶	❶ 處理社會議題
❷ 建築師要能感受環境中的空間訊息。	⟶	❷ 處理環境的條件
❸ 建築師能將空間做出理性安排，與感性型塑。	⟶	❸ 處理機能與空間的關係
❹ 建築師可以用很普通的方法，讓普通人都能瞭解他腦子裡的想法。	⟶	❹ 會畫圖和寫計劃

2 建築師應具備的 四個基礎能力

這四個任務，也是建築師該具備的四個基礎能力，無論是求學、在職或考試，都應該要準確展現出來。

如果你將自己的專業力，強調在空間、造型的美學，那你頂多只能稱為「空間造型師」；如果你擅長發掘社會問題，並以「論述」說明內心的觀察與態度，你最多只能說是「空間的文字工作者」；

如果你能用科學的方法，數字化分析環境的條件，那你可以稱為「空間的科學家」。**關心社會、運用環境、熟悉空間、圖面思考，都能在你身上表現出來，那才稱得上是一個「建築師」。**

出題的老師如果這樣要求建築師的能力，那建築師考試的題目就應該會在這脈絡下產生；而做為準建築師的各位，要回應出題老師用心良苦設計的題目，就應該充分表現自己在這四個議題的能力。

訓練腦
看懂奇怪的文字組合

「有看沒有懂」不是學習外語時的專利，熟悉的中文字到了考場，就彷彿和你素昧平生，你這時要做的，是重新建構閱讀能力。透過聲音與圖像，逼迫大腦語言化思考；覺得唸出聲很不好意思嗎？相信我，若考試時只能和試卷上的文字面面相覷，尷尬指數才真的破表。

大聲唸出來，你才看得懂

請各位回想一下，上一次認認真真重複閱讀一篇文章，或者認真咬文嚼字，像是要把每個字咬出汁來的感覺是什麼時候？如果我問我自己這個問題，考建築師不算的話，應該就是唸國中的時候了吧！國文課本裡像符咒般的文言文，不僅永遠記不起來，更別說要搞清楚文意了。

就這樣，在反覆的自我折磨與煎熬中，終於結束了國中三年的青春歲月；在那個有聯考的時代，我的成績一樣慘不忍睹。但仔細回想，什麼時候這種悲慘的「每個字都會念，組合起來卻看不懂『情境』（注意，我指的中文，還不是英文）」的狀態，開始悄悄黏在我的生活中；原來，國小的數學應用題，就是一個摧毀我學習興趣的問題。不知不覺，自己也成了人父，輪到自己的小孩面臨數學問題。題目如下：

Q：買 2 張桌子和 5 把椅子，共花了 180 元；買同樣的桌子 2 張和椅子 3 把，共用去 120 元，問桌子和椅子的單價各多少元？

A：我會，但我唸了三遍。

別說我太笨，也別跟我講你瞄一眼就知道怎麼處理；但麻煩在你恥笑我之前，先想想你理解這個題目時是經歷了怎樣的心路歷程。如果沒意外，你的反應流程應該是這樣的：

第一眼：花了三秒鐘，轉睛像掃瞄器一樣掃過題目。心理只有一句話：「這是什麼鬼？」

第二眼：被逼著面對問題，只好認真多看七秒。現在總共花了十秒看題目，終於發現提問在最後面，心裡想：「怎麼會這樣？。」

第三眼：這樣下去不是辦法，只好用筆尖指著每個字，一個字一個字的在心裡嘀嘀咕咕的唸著。

唸完一遍才知道這是一個關於桌子和椅子的愛情故事（……媽呀）。再唸一遍，終於發現他們之間微妙的數學關係。

最後一眼：你可能還是不會計算答案，但你知道題目到底在問什麼了。

在這看了四眼的過程中，最終是什麼原因讓你瞭解題目的微言大義？就是「唸出來」這個關鍵動作。

建構大腦的閱讀能力

大腦只是一塊肌肉，功能是接收感知器官傳遞過來的訊息，利用許多經驗判斷要做何反應，再透過身體各部位做出反射動作。

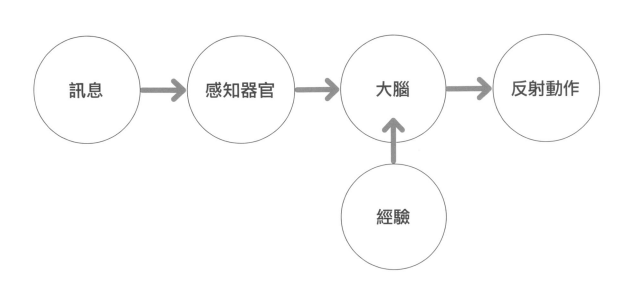

因此，眼睛看到文字，文字的視覺訊息進入大腦，大腦指揮嘴巴唸出文字，出聲後的音覺訊息再透過耳朵重回大腦；大腦重新接收一次這篇文字的訊號，並且開始辨別視覺訊息與聽覺訊息的差異，這個差異策動了大腦的思考動作、使大腦產生對文字的「經驗反應」。

這個閱讀思考的小理論，可以從我們的成長經驗再次驗證。大家在國中時都有補習的經驗，補習班老師跟學校老師通常有一個很大的差別……

學校老師在台上寫黑板、唸課文，做學生的我們眼皮沉重、目露眼白，老師上課內容像快速從眼前駛過的公車廣告，有看沒有懂，徒留一連串乏味的聲音檔案，在耳朵周圍遊移。

反過來請各位回想一下補習的經驗，補習班老師為了提升業績，像喜劇演員般說學逗唱，努力引起在座學生的互動；**無論是口語或動作的互動，都會在學生腦中留下清晰印記，考試時便能快速從大腦的「經驗抽屜」找出來運用。**

因為不同的學習效果，所以大家很容易把「上學」當國民應盡義務在完成，

把「去補習班」當成面對考試的唯一救贖……

眼睛只是掃瞄器

人長大後，唸了一些書，覺得自己不是小孩了，就覺得讀書唸出聲很丟臉，一點氣質也沒有，所以開始要求自己閉嘴。也有可能是你身在優雅的咖啡館，四周充滿咖啡香氣和研讀深奧書本的顧客，於是你深怕開口唸出聲會有辱斯文，壞了咖啡館的美好氛圍；所以你緊閉雙唇，用眼睛瀏覽厚厚的文字資料，最後開始目露眼白、眼泛淚光、遙視遠方，不知情的人還以為你正做深沉思考，其實你只是睡神上身，神遊四方。

終於，你把一大堆文字瀏覽完了，但同時每一秒都忘了上一秒用眼球輸入哪些文字影像到大腦。換言之，你一個字都沒讀進去，只是當了好幾個小時的蠢文青；請奮起當個有為的知識青年，大聲的「唸出來」吧！

眼睛是距離大腦最近的器官，可以最快把一堆訊息傳到大腦；這個對學習充滿挫折與痛苦回憶的大腦，接收到又

多又複雜的視覺訊息後，會將許多不美好的經驗反應給眼睛，不停地跟眼睛說：「這個不要，這個跳過，這個好麻煩。」

久而久之，眼睛也習慣一直迴避很多主人不喜歡的內容，從此開始陷入「閱讀障礙的深淵」，進而影響你的思考，慢慢的，你考試不懂找關鍵字、開會抓不到重點、人生就這樣失去未來。

不要說我危言聳聽，若想要奪回人生的主導權，請從「唸讀」開始。不要再讓眼睛這個快速掃瞄器影響你的未來。

NOTE

如何唸讀

❶ 善用食指指尖或筆尖。
❷ 指著你想要唸讀的字眼。
❸ 逐字移動指尖或筆尖，帶動眼球去凝視每個字。
❹ 唸出被凝視的字眼，聽到唸出來的聲音後，才將指尖或筆尖移往下一個字。
❺ 不要在會吵到人的地方練習。
❻ 一個題目唸十遍，不要畫重點，保持題目紙乾淨。
❼ 唸完第一次，畫第一次重點。
❽ 唸第二到第九次時，用乾淨的題目紙。
❾ 第十次再畫一次重點。
❿ 比較兩次畫的重點差異。

TITLE 3-4 對付考試的重要武器：五段式文字分析

要快速進入考題核心的第一步，是找到**關鍵字**，解析後再發展為空間。關鍵字看似簡短，擷取的背後需要紮實的**人、事、時、地、物的考量邏輯**；一旦把握這項武器，你的考試就希望無窮了。

文字轉換的流程

利用有步驟與程序的思考流程、解讀描述空間的文字，我稱作「五段式」的文字分析方法。

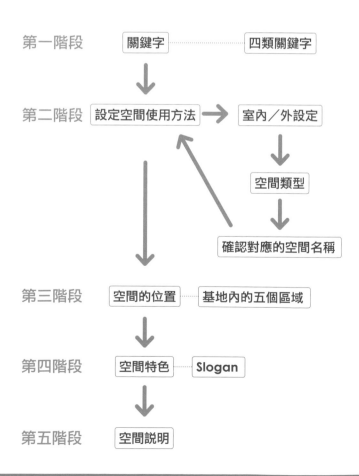

第一階段　關鍵字 ……………… 四類關鍵字

第二階段　設定空間使用方法 → 室內／外設定

空間類型

確認對應的空間名稱

第三階段　空間的位置 — 基地內的五個區域

第四階段　空間特色 …… Slogan

第五階段　空間說明

第一階段：

1 關鍵字

❶ 議題類關鍵字

　　日常生活中的設計關鍵字，可能是材料、法規、銷售的術語；而在建築師考試的設計世界，這些關鍵字通常是題目世界裡的「環境問題」、「社會議題」、「設計責任」。例如：

都市邊緣舊城區
人口老化、少子化
居住不易
與環境融合
建築師責任
老舊建築

　　這些字眼在真實的設計工作中，總是被坪效、高度、結構等「有意義」的專業術語掩蓋。然而，建築師考試攸關國家城鄉品質，不能只是很實在的要求建築從業人員，最後成為建築簽證的印章。

　　通常考生會直接忽略這些抽象的隻字片語，認為這是老師和學生在研究的事，考試時只要把空間大小畫對、排進

圖畫就好。如果只是這樣想，就會侷限設計成為平面的排列，而不是有意義反應的問題，進而改善問題。

❷ 環境描述關鍵字

除了上述很抽象、很難反應在空間與圖面的關鍵字外，還有其它類型的關鍵字，譬如用來描述「環境特色」的關鍵字：

緩坡 1：10
即存大樹
捷運站出口
汙流
快速道路
濕地

❸ 空間機能關鍵字

　　也有直接一點的關鍵字叫「空間需求」，例如：

行政空間 120m²
教育 6 間
集會堂
研習空間
住宅
圖畫空間

❹ **操作步驟關鍵字**

最後還有一類關鍵字，就是「操作步驟」的關鍵字，例如：

其地環境分析
空間定性定量
空間友善策略
創意概念與構想

綜合上述的關鍵字說明，可以有一個結論：

議題類關鍵字	抽象處理問題與企圖
環境描述關鍵字	描述環境特色
空間機能關鍵字	說明設計中必要的空間項目
操作步驟關鍵字	要求設計者呈現觀者結果與設計者想法的項目

這些關鍵字皆呼應前面，我們討論的「四個建築師該有的能力」，也就是說，我們得從空間劇本（題目）中找出和這四種能力有關的關鍵字來發揮設計。

考試要求	關鍵字
關注社會議題	
環境條件掌握	
空間組織能力	
設計操作能力	

（自己寫寫看）

2 找出題目中的「重點關鍵字」，作為文字分析的發展依據

知道了建築師考試的核心目標，就知道老師會把要求放進題目裡；做為建築師考試的應考人，拿到題目後的第一件事，就是「找出題目裡和四個要求有關的關鍵字」。我們在讀書會稱這個為第一步驟，在非讀書會領域的人，則會稱為「破題」。

我不喜歡「破題」這個詞，感覺帶有一些些侵略性，相反地，我喜歡稱這個步驟為「找關鍵字」。這個過程有點像在和出題老師對話，跟老師聊聊他在乎什麼，而我們該做什麼。

如果你還是學生，那麼做設計時可以把這四個要求，變成你發展設計的「空間劇本或方案」。如果你是設計從

業人員，那這四個目標，可以成為説服客戶的有力工具。

練習「找關鍵字」的方法

❶ 大量閱讀考古題，培養文字敏鋭度

把手邊所有考古題都翻出來，依據個別要求，每一題都找出相關的關鍵字。因為大量閱讀，開始對重複出現或類似字眼產生敏鋭度。

❷ 和別人比較

把別人畫出關鍵字的題目紙拿來比較，找出差異處，並且聊聊找出這些關鍵字的原因和理由。每個人在意的觀點不同，很多時候透過他人的眼睛，可以看到更多可能。

❸ 限制關鍵字字數

用螢光筆畫下題目紙上的關鍵字，關鍵字的字數最好控制在七個字以下。限制關鍵字字數有兩個理由：

- 逼自己思考，留下真正有意義的字句。
- 圈選出來的短句關鍵字，可以做為之後操作步驟的標題字。

3　四種關鍵字的發展架構

❶ 議題類關鍵文字

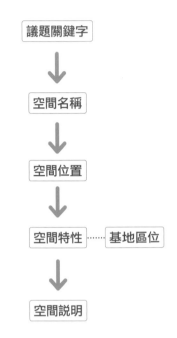

社會問題、環境議題、設計企圖被我們歸類成議題類關鍵字，這類關鍵字希望我們專業人士用建築與空間的方法去面對解決。因此我們必須用最快的時間，將它們與空間內的機能連結，也就是一個被賦予名稱與機能的空間。

找了一個機能的空間名稱去對應議題關鍵字後，便可以根據空間的性質，找出該空間在基地裡的區域位置，並進一步賦予該空間一個有趣的主題 slogan，讓空間的使用者或圖面的閱讀者，透過清楚、明確的「空間標題」快速了解該空間的特色。

吸引大家的目光後，你才能更進一步做空間說明。

❷ 環境類關鍵文字

基地周圍的不同環境條件，影響基地內的各個區域有不同的特色和性質。因此無論是文字上的環境描述或者是地圖、基地現況圖裡所顯示的環境訊息，我們都要直覺地轉換成基地內相對應的「特性區域」。在後面的章節，我們會重新歸類各種不同區域，這階段讀者先知道區域的性質和活動的強度有關，也因為和活動強度有關，我們可以初步配對基地的「特性區域」和「機能空間名稱」。如此完成環境類關鍵字的分析發展。

❸ 機能空間類關鍵字

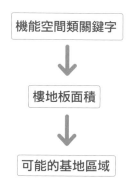

分析發展到了「機能空間類關鍵字」，通常我把它歸類成業主或題目所提出的基本空間要求，我都當他們不是空間專業，才會來找我們這些建築師解決問題。因為假設業主沒有深入研究的簡單空間需求，作為專業的我們先單純把他們算好空間，知道如何發展設計，並且和「基地區位」做初步結合就好。

❹ 操作類關鍵字

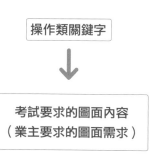

業主在合約內的圖面需求或題目中的圖面要求，很多時候都是不完整、不合理的，作為一個空間的專業人士，幫他們想出事前沒想出、可以更有效率說明設計的圖面，反而是當建築空間的專

業人士要必備的技能之一。這些被遺忘的可能圖面，都藏在業主的語言中或者題目的文字海裡。

第二階段：設定空間使用方式

1 思考空間的性質與運用

對應關鍵字時，會用什麼「行動」達到關鍵字的「訴求」，或「解決」關鍵字的「問題」。這個「行動」可由空間的「使用者」或「關係人」來延伸思考。

❶ 舉例：

與鄰為善的建築師 ·················· **Key word**

⬇

建築師與社區居民 ·················· **User**

⬇

傾聽社區的困難，
以空間專業協助 ··················· **Active**

❷ 舉例：

向社區開放 ······················· **Key word**

⬇

社區居民 ························· **User**

⬇

社區居民自家外的第二個客廳 ····· **Active**

❸ 舉例：

街角老樹 ························· **Key word**

⬇

社區居民 ························· **User**

⬇

保留老樹以延續社區記憶 ············ **Active**

❹ 舉例：

慈善團體善款運用 ················· **Key word**

⬇

慈善團體與受助居民 ··············· **User**

⬇

重建過程紀錄 ····················· **Active**

從題目的文意與關鍵字，提出對應的「行動策略」，進一步影響空間類型的判斷，就即將進入實質的空間設計。關於這個步驟，可以透過閱讀報章新聞來累積「行動策略」的方式，並且提升設計思考的反應速度。

2 何「使」何「用」—— 判斷這個空間在室內還是戶外

屬性：室內／室外？

　　任何人類活動都是在「空間」內完成的，沒有人可以脫離「空間」獨立存在（人就算掛了也有陰陽空間之分）。因此有了活動的使用假設後，就可以快速地為這個活動設定相對應的空間。

　　在沒有「存在」問題的「陽間」，空間可以簡單字分類為「室內」與「室外」。任何活動轉換成空間的第一步，是先決定這個活動是屬於「室內活動」或是「室外活動」。

　　建築師考試的題目，通常就像我們在事務所上班一樣，根據業主的空間需求，開始畫出很多大小不一的正方形或矩形框框，並將這些框框依照空間性質去排列和組合。

　　這些空間需求，就是我們前個章節所說的關鍵字，我們也有固定的方法將關鍵字轉化成使用者和活動，然後開始做室內／外的設定。講起來簡單，但還是有一些基本的判斷規則，以室內設定來說：

是否有固定家具、設備？
→因為怕日曬雨淋

是否為特定使用者或活動？
→因為需要有確實出入口做使用管理

是否需要有結構體，保護使用者或活動？
→這是建築物最原始的功能，就是保護在裡面的人

　　扣除上面的因素，剩下的活動，大概都會發生在室外的空間。

3 室內空間的類型

屬性：有／無牆壁的室內

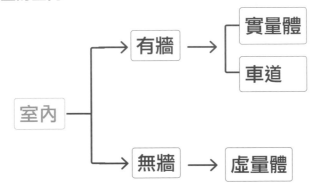

虛量體＝沒有牆壁的室內空間

　　如果根據活動將需求設定為室內空間，下一個反射動作就是思考要不要有牆壁？你可能會覺得很怪，沒有牆壁就不是室內了，為什麼還要多此一舉呢？「虛量體」這個詞有很多種解釋，我在讀書會將之解釋為**介於室內、室外之間，有頂蓋的半戶外空間**；這個空間有幾個特性：

關係人士進入空間、參與活動。這時，一個有頂蓋且無外牆的「半戶外空間」，便成為最佳的活動行為容器。

　　最有名的題目，可以用 103 年設計「與鄰為善的建築師事務所」來說明。這個題目設定的主角是剛開業的建築師，希望這位建築師透過空間專長，與周圍鄰居做建築專業上的交流，提升社區空間品質。

❶ 空間使用管理限制層級較低

很多室內活動的使用設定，是希望對外開放的，如此可以允許更多基地周圍的

　　因此這間事務所除了包括大家很習慣的上班空間外，還需要一些具有活動與交流行為的空間，這時就很適合選用「虛量體」這樣沒有外牆的頂蓋空間。

❷ 清楚定出有意義的戶外空間

一個有頂蓋的半戶外空間，比起一個無頂蓋的戶外空間，更為強烈的宣示了該區域的特殊意義，也可以與一般開放空間做出差異，突顯某個特定活動或行為的獨特性。例如，一個露天的音樂表演舞台，如果舞台區是有頂蓋的，就能用最快的方法區別表演區和觀賞區。

❸ 連接室內與室外空間

不同空間的連接與轉換，無法單純的像開關門那樣切換與過場。必須考慮到空間中使用者的活動狀態和心理條件，再設計空間與空間的轉換過程。

以我做住宅建築的經驗，從工作場所回到家中，我們會設定出一連串的路徑，穿過水景、門廳、花園，為的是將家門外的工作情緒，逐步調整為居家狀態。

再請各位想想，日本舊民居常會用到的簷廊，在卡通或電視裡是什麼樣的空間角色。有時是家人坐下來吃西瓜，享受夏日煙火的場景；有時是主角睡午覺的空間；有時是小朋友追逐遊戲的空間；有時是爺爺奶奶讀報冥想的空間。這空間的深度薄薄的，只有一個稍微架高的地坪與屋簷，不像室內生活的正式與純粹，也不像

室外空間的簡單與缺乏重點。

這樣的空間安排，常常是主要活動空間外，最重要的空間想像與安排，大大提升整體空間質感。

❹ 虛量體的延伸

虛量體可以成為凝聚的活動空間，可以是連結室內與室外的轉換空間，可以是具有簡單限制的管理空間；有了這些特質，我們可以整理出幾種構成虛量體的空間型式：

- 頂蓋式大棚架
- 頂蓋式廊道
- 階梯廣場
- 下沉地下廣場
- 空中平台

後面的章節有更清楚的描述與運用說明。平常在做案例觀察與臨摹練習時，也可以針對這些空間做紀錄與體會，大量增加對空間的運用想像，以擴充空間經驗資料庫。

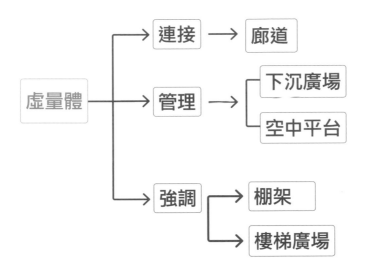

車道 = 不讓人進入的室內空間

車道是唯一不希望有人進入的室內空間，代表著危險與不安定。因此必須安排車道或停車空間遠離人群與活動空間，需要設計思考的地方，是如何將停車空間與主要使用空間，做安全的連結。

實量體 = 承載機能的室內空間

我把有具體牆面與入口的室內空間，稱為實量體。

實量體是建築設計最基本的要求，反應出業主或出題老師的空間需求，也是多數人對建築設計的主要思考標的。會這樣想的人，多半認為做建築設計，就是要設計這個確實的建築量體。

這些機能雖然佔建築計劃或考試題目很大的篇幅，很容易成為設計者主要的操作項目；但在設計之初，請單純將之視為承載機能的方盒子，應該被理性的配置在基地中的合適地點。有時候它甚至是負面的構造物，可能會影響基地中的微氣候，也有可能阻礙區域活動的形成。

4 戶外空間的類型

室內空間之外──室外開放空間

過濾完關鍵字群裡的室內部份，剩下的關鍵字應該是屬於室外活動使用。這些室外空間，我們稱為「開放空間」，顧名思義就是較不受管理與限制的空間，對於非特定使用者也有較大的包容度，允許內部環境與周圍環境連接。開放空間可能可以置入強烈的空間議題，也可以只是某地邊緣的附屬空間，僅僅提供過路與邊界的功能。

室外開放空間的特性：

❶ 低管理與低限制
❷ 允許外來使用者進入
❸ 具有歡迎與接受的內涵
❹ 與外在環境連結

確定了某個空間屬性是「非室內」後。便可以簡單將之歸類為「室外空間」，也就是我們稱的「開放空間」。根據開放空間的特性，又可以分成下列幾種類型；入口開放空間、主題開放空間，次要開放空間。

接下來我們就說明這些類型空間。

類型 a：入口開放空間

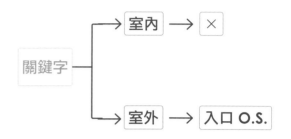

這種空間創造出基地內主要步行動線的起點；也因為是起點，關鍵字必須是基地周圍最主要的人潮產生處，也可以說是希望特定族群能最容易進入基地的地方。除此之外，入口開放空間必須有連接建築物入口的最佳路徑，同時要遠離車行動線，減少通行衝突。

類型 b、主題開放空間

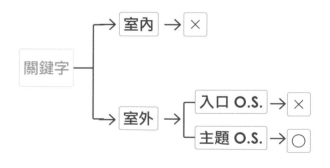

這是一個基地最重要的開放空間，

最重要的活動在這裡被注視並且開展。這個空間通常與重要的室內空間結合，可以延伸與放大重要的室內機能。它通常是「被包圍」或稱「圍塑」，因為需要快速被空間使用者瞭解與熟悉，除了會有較清楚的邊界外，也會有很清楚的過路，讓使用者快速從入口開放空間連結至此。有時候可以用強烈的地坪型式，讓它從圖畫突顯出來。

> **NOTE**
> * 被建築量體或設施圍塑，產生明確區域。
> * 可以結合重要機能，突顯主題。
> * 位在基地內最重要的區域。
> * 有清楚的路徑，連結入口開放空間與建築。

類型三、次要開放空間

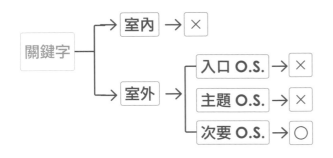

扣掉前面講的五種空間後，剩下的就是次要開放空間。但它不能僅是一個剩下的空間，仍然該有相呼應的關鍵字來說明空間特質，不會只是一處無意義的空間。

5 確定對應空間機能與名稱

前面有了許許多多的空間想法與觀察，並且作了許多的分析，我們要做的是為這些等著被解決的空間問題，賦予他一個「機能空間名稱」，讓業主或改卷老師知道，你能用甚麼空間來達到他的理想。

第三階段：空間的位置

基地因為環境的條件，而產生許多不同的「區域特性」，也讓每個室內空間，有了位置上的設置依據。

第四階段＋第五階段：空間特色說明

空間特色說明除了是我們做建築善用的結構硬體外，很多時候是企劃與文案相關人員策畫出來，有趣的空間活動與使用。如果在閱讀書報時，若能多留意文章中對空間的描述情況，我們就更有機會強化建築和空間品質與內涵。關於這些空間的特色，讀書會的會咖從報章雜誌整理了一系列的重點於後面的頁面，可以讓大家快速通用。

空間的個性與文字化—Slogan 大彙整（感謝會咖 Ansen 佳崙協助處理）

既有老房子

- 老宅品味咖啡館
- 廟前看戲
  - → 文化記憶表演廣場
- 文青店鋪進駐老街
- 舊舍展演迴廊
- 舊城生活體驗空間
- 舊城生活節
  - → 生活文化展演舞台
- 老屋醒過來
  - → 舊建築機能調整再利用
- 歷史故事屋
  - → 老屋説書空間

市場

- 職人食安把關
  - → 幸福城市心市場
- 走讀市場
  - → 市場精品化、文創化

智慧建築

- 知識零距離
  - → 城市酷雲：雲端知識管理中心 / 資料庫

公園綠地

- 生態溝渠
  - → 引用地下水，再造環境生態
- 小草地、大客廳
  - → 綠地空間容納在地生活、文化、物品

親子

- 為孩子續滿能量
  - → 愛的料理課後空間
- 親子參與
  - → 特色公園

土地

- 食農教育
  → 農場小學
- 屋頂果園、食物森林、社區農場
  → 弱勢族群自足活動
- 農村共學
  → 廢校再生、共學再生

樂齡

- 老人社區服務網絡
  → 樂齡關懷與健康工作站
- 多餘校舍活動中心
- 數位機會中心
  → 活到老、學到老
- 失智症咖啡店「D café」
  → 失智症老人、家屬、醫護的減壓
    與交流空間
  → 共同照顧的空間
- 福樂學堂
  → 老人幼兒園，日照、日托
- 社區老人共餐食堂
  → 高齡志工人力運用
  → 與社區居民一日用餐、不孤單
- 爺孫共享幸福學院
  → 三代共學、親子交流

產業空間

- 創意產業商業化
  → 文創市場空間
- 城市創客基地
  → 創意產業發動機
- 文創聚落
  → 集合產業活動與展示
- 產學實驗室
  → 產業與校園結合
- 南方創客基地
  → 創客空間，共同工作空間，公共
    友誼空間
- 創新重鎮
  → 舊校舍再利用

居住

- 分享生活
  → 共享廚房與餐廳
- 居住銀行
  → 提供低價與充足的居住空間與管理中心
- 社造工作站／聊天室
  → 融合社區住民與地方意見
  → 新舊住民結合
- 辦桌廣場
  → 吃吃喝喝的開放空間
- 社造（都更）推動師蹲點工作站
  → 深入社區推動城市改造
- 老屋重生
  → 閒置房屋轉作公營住宅
- 走讀城市
  → 城市教育開放空間
- 分享廚房與餐廳
  → 共餐、共食生活空間

河岸空間

- 河岸城市細品味
- 流動城市——河岸好好玩
  → 河岸遊樂園
- 與螢火蟲共舞
  → 城市生態河岸步道
- 滯洪空間
  → 平時為休閒空間（濕地生態）
- 草澤濕生區
  → 不受人為干擾的陸域鳥獸棲地
- 多層次生態綠坡
  → 濕生區的緩衝區
- 綠川輕旅行
  → 河岸與巷弄生活空間結合

異鄉人空間

- 台灣囝仔
  → 「回家」記憶廣場
- 多語菜單、多元文化
  → 家鄉味辦桌空間
- 異鄉文化交流空間
- 移工圖書館
  → 讀書讓移工有未來
- 新移民家庭服務中心
  → 教育、文化、衛生的全心照顧

藝文空間

- 音樂星光、浪漫談情
  - → 音樂故事咖啡館
- 夏日梅亭
  - → 賞畫品樂展示空間
- 玩空間、享互動
  - → 「藏」創意咖啡館
- 行動音樂廳
  - → 即興的音樂表演空間
- 樂賞音樂空間
  - → 聽音樂的虛量體

公園／綠地空間

- 城市小日子、公園雖小
  - → 家中的外客廳、社區客廳空間
- 市民參與、城市就是我的菜園
  - → 幸福的城市小農空間
  - → 城市農場
- 全民一起運動
  - → 城市健身房（公園）
- 城市散步綠廊
- 綠光計劃
  - → 綠化擁擠的城市

TITLE 3-5 五段式文字分析 操作範例

前面講了一大堆，只為了讓各位能清楚掌握設計需求與設計發展方向，最後落實成下面這一張，很像建築計畫的文字說明稿，這個稿子會成為後面其他步驟的重要發展依據，讓您順利的將文字見解轉換成說明空間的圖面。

特別說明：O.S. ＝開放空間
FLA ＝樓地板面積
RD ＝道路
N.S.E.W ＝北南東西
B ＝磚造
R ＝ R.C.
V ＝容積／建蔽
A ＝基地面積

以 105 年度考題作文字分析

	關鍵字	類型 〉相關分析
1-1	圖書館	空間
1-2	社區公共空間	空間
2-1	人口城市化	議題 〉核心區 〉主題 O.S. 〉城市填充 〉加入有機的生活空間
2-2	住宅區組構 日常生活基調	議題 〉出租商店 〉動態區 〉生活空間永續經營，並活化核心區
2-3	老舊住宅區窳陋	議題 〉圖書館 〉靜態區 〉補足老舊區域的設施不足

關鍵字		類型 ❯ 相關分析

3-1	老舊住宅區	議題 ❯ 圖書館 ❯ 靜態區 ❯ 補足老舊區域的設施不足
3-2	N.10m rd. 巷	環境 ❯ 靜態區 + 車道
3-3	S. 15m rd 街／地區性街道	環境 ❯ 動態區 + 入口
3-4	沿街零星商店	環境 ❯ 動態區 ❯ 結合出租商店
3-5	周圍老舊集合住宅	環境 ❯ 核心區 ❯ 主題 O.S. ❯ 互應 2-1
3-6	東南幼稚園	環境 ❯ 動態區
3-7	A：5680 m²	空間 ❯ FLA
3-8	公園用地 $\frac{1}{4}$	空間 ❯ FLA
		環境 ❯ 靜態區
3-9	建築用地 $\frac{3}{4}$	空間 ❯ FLA
3-10	基地內分出二區域	環境 ❯ 動、靜分區
		操作 ❯ 基地環境分析
3-11	V：$\frac{40}{100}$	空間 ❯ FLA
3-12	退縮 4m 人行步道	環境 ❯ 動、靜態區
3-13	地界 3m 退縮	環境 ❯ 動、靜態區
3-14	常年東風	環境 ❯ 靜態區
3-15	S 噪音	環境 ❯ 動態區
3-16	綠化喬木保留	環境 ❯ 絕對領域
		環境 ❯ 動態 + 入口

4-1	社區圖書館	
	a. 資訊、親聽	
	b. 兒童閱覽	
	c. 成人閱覽	空間 ❯ FLA
	d. 多用途集會	
	e. 行政，卸貨	
4-2	出租商店	
	a. 二手書店	
	b. 簡裝咖啡	空間 ❯ FLA
	c. 超商	

關鍵字	┄┄┄┄┄┄┄┄┄┄┄┄┄┄►	類型 ► 相關分析

4-3　停車場

　　　機車 40，汽車 20 ┄┄┄┄┄┄► 空間 ► FLA

　　　行動不便

4-4　Ubike20 車 ┄┄┄┄┄┄┄┄┄► 空間 ► FLA

4-5　戶外空間

　　　五種不同使用方式 ┄┄┄┄┄► 五種虛量體

　　　a. 幼兒園戶外活動 ┄┄┄┄┄► 環境 ► 動態區域

　　　b. 週末跳蚤市場 ┄┄┄┄┄┄► 空間 ► 動態區域

4-6　空量自訂

　　　（基準容積的 90% ～ 100%）┄► 空間 ► FLA

4-7　圖書館面積大於 70% ┄┄┄► 空間 ► FLA

4-8　設計目標 ┄┄┄┄┄┄┄┄┄┄► 操作 ► 議題與使用分析

4-9　環境議題 ┄┄┄┄┄┄┄┄┄┄► 操作 ► 基地環境分析

4-10　基地分析 ┄┄┄┄┄┄┄┄┄► 操作 ► 基地環境分析

4-11　空間需求 ┄┄┄┄┄┄┄┄┄► 操作 ► 泡泡圖

4-12　營運管理機制 ┄┄┄┄┄┄► 操作 ► 議題與使用分析

5-1　空間留白 ┄┄┄┄┄┄┄┄┄┄► 議題 ► 主題 O.S ► 核心區 ► 城市留白有
　　　　　　　　　　　　　　　　機再生空間，或老舊擁擠的住宅區，留
　　　　　　　　　　　　　　　　下有意義的開放空間

5-2　基地內建築與開放空間關係 ┄► 操作 ► 泡泡圖

5-3　建築與周措環境界面處理 ┄┄► 操作 ► 泡泡圖

5-4　基地為觸媒，注入空間活力 ┄► 議題 ► 同 5-1

5-5　改善老舊住宅區品質 ┄┄┄┄► 議題 ► 同 2-3

5-6　詮釋日常活動與社區空間關係 ┄► 操作 ► 泡泡圖

5-7　錄建築回應物環 ┄┄┄┄┄┄► 操作 ► 錄建築操作

5-8　建築空間與開放空間延伸概念 ┄► 操作 ► 泡泡圖 > 五虛量體

5-9　書架與閱覽區平面，含尺寸 ┄┄► 操作 ► 平面圖

5-10　無障礙物 ┄┄┄┄┄┄┄┄┄► 操作 ► 無障礙操作

5-11　兩性平權 ┄┄┄┄┄┄┄┄┄► 操作 ► 兩性平權設計

關鍵字 ·························· **類型** ➤ **相關分析**

5-12　空間領域層級 ······················➤ 操作 ➤ 基地環境分析

　　　a. 靜態←→動態

　　　b. 私密←→公共

5-13　圖面要求

　　　a. 主配 $\frac{1}{400}$ ························➤ 操作 ➤ 圖面

　　　b. 全剖 $\frac{1}{400}$ ························➤ 操作 ➤ 圖面

　　　c. 各層平面 $\frac{1}{200}$ ··················➤ 操作 ➤ 圖面

　　　d. 雙剖面 $\frac{1}{200}$ ····················➤ 操作 ➤ 圖面

　　　e. 外牆剖 ·······················➤ 操作 ➤ 圖面

　　　f. 全區透視 ·····················➤ 操作 ➤ 圖面

6-1　　N.2B 老屋 ························➤ 環境 ➤ 高度發展參考

6-2　　N.10m 巷 ························➤ 環境 ➤ 靜態

6-3　　N. 8m 巷 ·························➤ 環境 ➤ 靜態

6-4　　W. 2B 老屋 ·······················➤ 環境 ➤ 同 6-1

6-5　　W. 7~5R 老屋 ····················➤ 環境 ➤ 同 6-1

6-6　　E. 3~5R 老屋 ····················➤ 環境 ➤ 同 6-1

6-7　　N.E. 喬木 ························➤ 環境 ➤ 動態區域

6-8　　S. 喬木 ··························➤ 環境 ➤ 動態區域

6-9　　S. 幼稚園 ························➤ 環境 ➤ 動態區域

6-10　 S. 4~7R ·························➤ 同 6-1

6-11　 巷道 ····························➤ 同 6-1

6-12　 15m 街道 ························➤ 環境 ➤ 動態區域

TITLE 3-6 建築與城市思考
環境、人本、友善、人文

現實環境有很多因素會影響建築形態,從一座城市為其市容定下的法規,到無可抗拒的自然氣候條件,再來就是比較多元且複雜的「**人**」的因素;從公私產權的權益溝通,到無障礙空間的合宜性與友善協調性,到兩性平權的空間考量,在在都考驗著建築師的**周詳與能耐**。

1 談建築的量體規模與城市的空間思考

先談法規中對建築物高度的見解。有幾個面向可以深入研究,一個是面前道路:由於「削線」的法規邏輯,面對越大的馬路、房子可以蓋得越高,反之則越矮。以相同的觀念延伸思考,如果建築物越靠近道路邊緣,則建築量體會越低矮;反之,若建築物離道路越遠,則建築物的高度限制越寬鬆。

法規是死的,所以請故意反過來思考,為什麼要這樣訂定建築物的高度限制?也可以想想看生活環境所見是否真是如此?答案似乎是否定的,尤其住在老舊社區的人感受更強烈。

建築量體該多大?
——談論城市的視覺品質

在我們生活的這個小小國家,建築管理的法規,有個很重要的改變轉折,那就是「容積管制」。六年級如我或者更年長的前輩,應該都經歷過「六米巷」

與「四、五層老公寓」的生活經驗；在那個維繫人與人關係不用透過 3C 產品的美好年代，六米的巷弄空間，拉近了所有人的距離，舒服的步行空間與街道尺度，串連城市每個角落。進入七零年代，經濟活動高速發展，車輛開始佔據街道兩側，家戶中越來越多過度消費的物資，常常得利用公共空間當倉庫來堆置。

時間軸推到今天這個時代，開始用「容積率」來控制城市裡的建築高度和環境的視覺品質，希望藉由調整建築物高度，來加強開放空間的公共性與品質，也因此，我們才能在許多重劃區看到舒服的人行空間與城市綠地。

回到設計實務，我們歸納上面的論點，有幾個簡單的結論：

一、建築高度要能讓城市有美好的視覺景觀，所以不能有太突兀的建築量體，破壞原有的環境特色。

二、建築高度限制放寬後，地面層的開放空間也必須因為建築高度提升而放大，以增加公共與公益性。

如何更進一步操作，後面的章節有進一步說明。

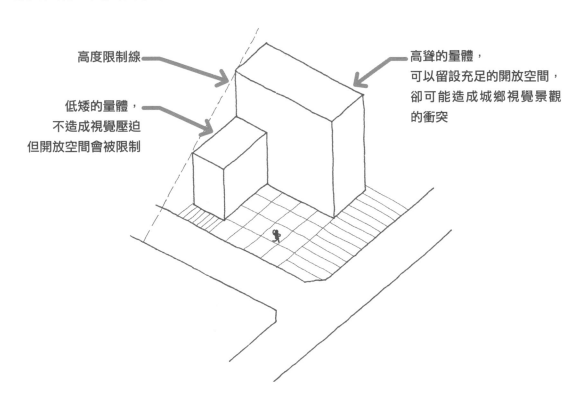

高度限制線

低矮的量體，
不造成視覺壓迫
但開放空間會被限制

高聳的量體，
可以留設充足的開放空間，
卻可能造成城鄉視覺景觀
的衝突

2 題目世界裡的季節問題——季風不是建築配置的主要理由。

我二十年前國中畢業後，進「五專」唸建築，還沒學到太多的設計觀念和建築思考，老師開始要我們畫平面和配置圖；我們這些設計菜鳥都慌了，完全沒有概念要如何下手。這時候班上幾位深得學長姊人緣的同學，搬出了一系列建築師考試等級的快速設計練習範例，這系列傳承了好幾代學長姊，據說是從當時很權威的補習班（現在還是）流出來的。

面對熱騰騰的經典設計練習古圖，最先印入眼簾的，是左上角大大的「Diagram」和「Concept」字眼，心想：這就是我要的，這就是生命的出口，終於可以交作業了！眼神接著往下飄移，看到的是一張令人心曠神怡的圖畫，畫中是微微的太陽從東邊升起，漸漸往西邊移動，畫出一條優美弧線，橫過設計基地上方；有些「可愛」的女同學還會卡通化這個小太陽，令圖畫充滿文青風格；圖畫的左下角則以優雅箭頭帶入徐徐微風，揚起一片夏天的空氣感，讓人不忍快速移開目光，只想在這些箭頭上多停留一會兒；然而圖畫的右上角，卻以粗箭頭加上烏雲與雨水的圖像，就像冬天的凜冽寒風撕裂著閱圖者，好似青春年華裡脆弱的感情世界。

天啊！這張圖幾乎包含了設計者心中的整個世界。

有了這張圖（或是當時我們心中認定的 Diagram），我們開始大膽地將建築的主要量體設置在基地右上角，心中默默告訴自己：「這樣一定沒錯，建築放這裡可以抵擋冬天的東北季風，絕對不會讓老師想起年少時，讓他心碎的後座女同學。」心滿意足之餘就開始留設開放空間：「沒錯，夏天有徐徐的西南氣流，可以讓改圖老師感受到我們設計的用心；讓空間的使用者在微風中享受美好的開放空間。」

上面那堆廢話，相信是許多建築人求學時常遇到的經歷，甚至直到出社會從事設計工作或者參加建築師考試，都還會運用的設計策略；但這通常不會是最佳的配置策略。

建築配置如何因應季風

如果今天我們要設計的建築物，位在某個有山有水，但沒有鄰居（鄰房）的好地方，也就是沒有相關人造設施的

環境，這樣陽春的「風水」配置策略，當然是切入配置的好方法。但這種等級的設計應該只會出現在「大一」階段，對於身處人口稠密的城市或面對「國家考試」，這是絕對行不通的。以我們的思考邏輯來看，這更有可能是出題老師預設的配置陷阱。

把話講得這麼嚴重，是希望身為建築師的各位可以盡快覺悟，接著來討論該如何運用這個永恆不變的好東西。首先分析建築物在基地的位置，習得依據題目的文字線索，為建築物找到美好的落腳位置；接下來才是思考如何利用這個位置，發揮建築物在「風水」環境中的特色。

東北季風 VS 西南氣流

首先，如果建築物有幸被配置在基地的東北方，那便能順理成章的阻擋東北季風對基地的侵害。但如果不幸礙於各種原因，只能配置在沒法阻擋季風的位置也不要灰心，你只需要在基地東北方加入美麗的喬木群；這些美麗的喬木在夏天是活動時遮陽的天然頂蓋，冬天時更可阻擋冷冽的東北季風，是調整區

域微風場的好工具。

除了東北季風會影響基地的環境品質外，還有一個常被提到的季節條件——夏季西南氣流，這是有益環境的「好」季節條件。如果分析後將建築物配置在基地東北方，那基地的西南場便成為良好的風場引入開放空間，可以減少室內環境的空調設備需求。反之，如果建築物不幸處在基地西南方，阻擋了美好的氣流，這時可以增加建築開窗，並且在地面層設置半戶外開放空間，當作人為風道，這樣就解決了季風問題。

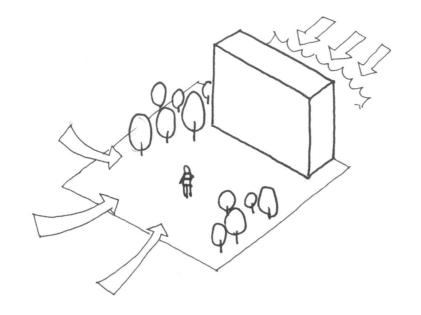

好的配置解決氣候問題
東北角建築擋風
西南角開口迎風

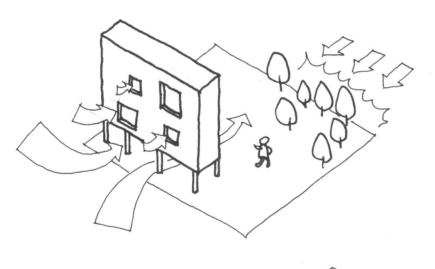

好的設計順應氣候問題
東北角樹群擋季風
西南角開口迎風

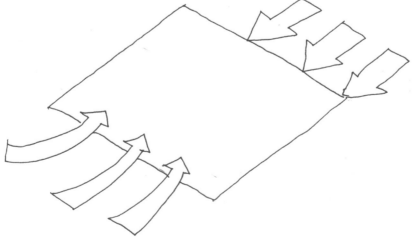

沒有設計
壞風與好風都擋不住

3 與鄰地關係的空間思考──談公、私有產權的處理

Q 如何處理鄰地 or 鄰房？

A

❶ 這裡的建議只適合用在考場，並不適合用在真實世界。

❷ 主要判斷依據：產權。

❸ 幾種可能會發生的情況如下：

a. **題目的基地**：公有、公共設施。
   鄰地現況：公有空地。
   處理方式：擴大設計範圍至鄰地。
   理由：充份發揮國有財產，使城市環境更美好。

b. **題目的基地**：公有、公共設施。
   鄰地現況：私有空地。
   處理方式：只能提供文字上的互惠構想，不能是建築設施。
   理由：尊重私人產權。

c. **題目的基地**：公有、公共設施。
   鄰地現況：私有建築。
   處理方式：為鄰地開放空間做美化。
   理由：國家友善環境，照顧人民。

d. **題目的基地**：私有、私人設施。
   鄰地現況：公有空地。
   處理方式：美化開放空間。
   理由：幫國家省錢。

e. **題目的基地**：私有、私人設施。
   鄰地現況：私有、私人建築。
   處理方式：界限清楚，不能侵犯。
   理由：尊重私人財產。

4 無障礙的空間思考

友善的無障礙空間

議題一：室外／無障礙通路如何融入開
放空間？

策略1→以虛線表現無障礙通路（室
外），自建築線經主題開放空
間至建築主要出入口。

策略2→戶外階梯表演空間加設「輪椅
使用者」空間與「陪伴者」空
間；此位置必需無異於其他觀
眾。

議題二：室外／如何讓「行動不便者」
更容易進入基地？

策略→主要入口處設置「臨時無障礙停
車格」（畫虛線）。

議題三：室外／如何使「行動不便者」
受到更全面的照顧？

策略→設置「無障礙服務櫃檯」，廣設
「無障礙服務鈴」。

理由→專人服務。

議題四：室內／如何更方便使用「無障
礙設施與設備」？

策略→確實設置無障設施／設備，如
樓梯、電梯、劇場座位空間、
衛生設備等等。

方式→ 請在圖畫上，繪此
符號，讓老師知道
你對無障礙的用心。

NOTE

撇步：

❶ 無障礙停車位要畫在電梯或出入
口旁。

❷ 該表現「無障礙規劃」的部份都
要畫。

❸ 無障礙通路除了「連續性」，還要
串連重要空間。

❹ 熟練樓梯、車位、廁所的標準圖。

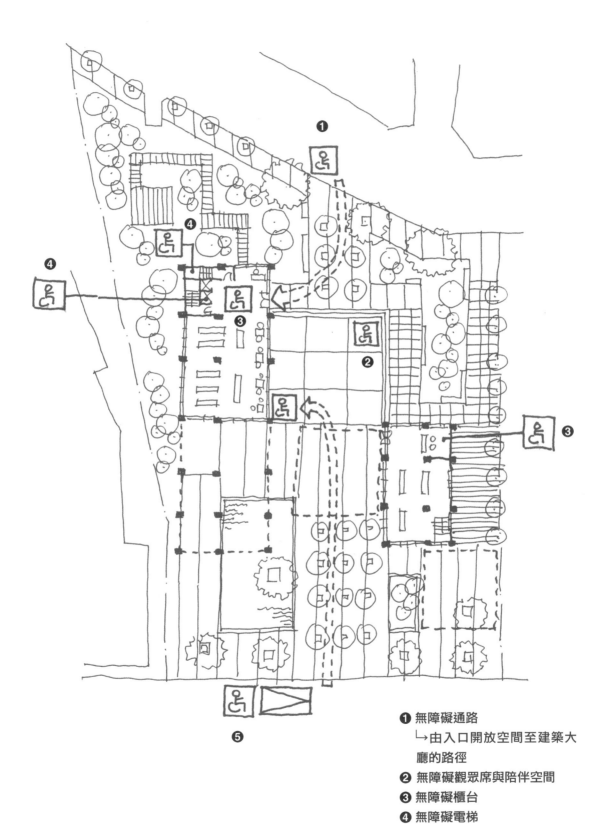

❶ 無障礙通路
└→由入口開放空間至建築大
廳的路徑
❷ 無障礙觀眾席與陪伴空間
❸ 無障礙櫃台
❹ 無障礙電梯
❺ 無障礙臨停車位

5 兩性平權空間思考

這是一個性別權力高漲的時代,但我們生活的空間從有人類以來,就因為性別使用的關係,而產生了空間裡的性別不平等問題。在這個人類文明高度發展的時代,如何讓空間性別不平等獲得同步的文明進步,是許多專家學者的研究重點。

我們不是性別專家,但我們是空間的專家,我們的責任是讓不同的性別與族群,在任何空間中都能自在、舒適、安全。

❶ 自在的兩性空間

有很多空間在文化上,被歸類成特定性別使用的空間,例如,亞洲社會普遍認為廚房是女性的空間,這是對女性的偏見印象。有時候也有對男性不公平的觀念,例如車庫、地下室、安全梯是男生會做壞事的空間。作為新時代的空間創作者,我們可以讓這些空間,在既定印象中翻轉。

> **你可以這樣做**
>
> 如果是一個用餐空間的題目,試著讓廚房設置在平面中最重要的位置,讓廚房空間反轉成為核心空間。

❷ 舒適的兩性空間

在一些有特別偏見的空間,如廚房、廁所、工作空間的周圍,加入一些休閒性質的家具,提升這些空間的使用品質。獲得提升即代表你是對這些小小的空間有投入想法與責任的建築師。

❸ 安全的兩性空間

這是最重要的議題,大部分會讓人不尊重性別的空間,都是對性別不友善甚至造成疑慮的空間,尤其是管理的死角空間,這時候我們可以用科技與管理的手法來減少安全上的威脅。

最近這幾年我們在公共運輸設施上,看到很多婦女專用空間、車位,就是利用監控系統,加強對某個場域的管理,這也是我們在設計提案時可以為兩性平權貢獻的地方。

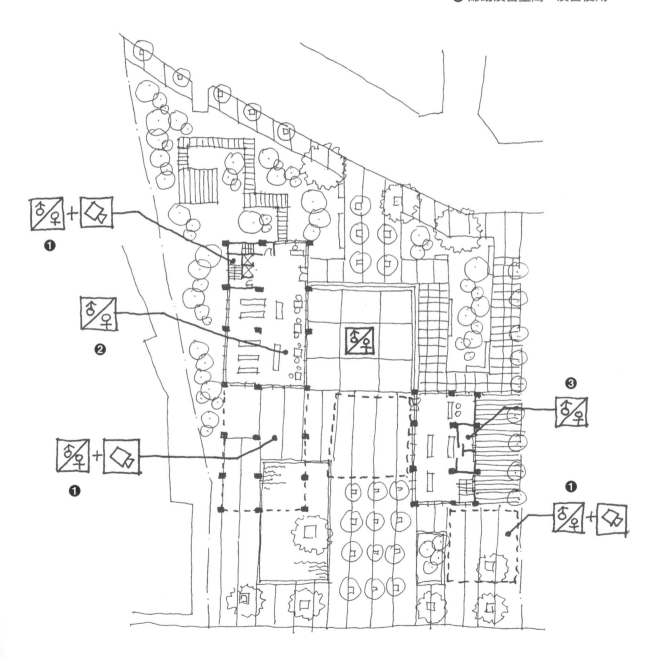

6 綠建築的空間思考

建築的開發營造，就像 102 年建築設計都市填充這個題目的內容一樣，它是對環境的強烈衝擊、會破壞原有的自然與生態的平衡狀態。因此一個建築物的開發，如何形成環境系統中的良好基因，一直是我們這些空間與建築的專業人士得強力著墨的地方。綠建築就是可以讓我們簡單運用、效果卓越的好方法。

這本書，講的是簡單的設計概念養成，我們不討論深奧的建築工程技術，我們需要的是，做設計時，要將這些指標要求運用到圖面中即可。

這些指標包括：

❶ 生物多樣性
在你的設計裡留下適當的空間，作為生物棲地、綠地。

❷ 綠化指標
建築物的平面、立面、裡面、外面都盡可能地加入綠化的元素。

❸ 基地保水
在建築的各種平面上（EX: 屋頂、鋪面、露臺）設置水資源儲留設備、涵養水源。

❹ 日常節能
選擇能夠節能的設備，尤其是空調、外殼、照明。

❺ 二氧化碳減量
讓建築物的結構更合理的配置與輕量化，並使用耐久、再生的建材。

❻ 廢棄物減量
營建過程自動化，並減少空汙與廢棄物產生。

❼ 室內環保
讓室內的空氣、隔音、裝修、採光可以更適合生活。

❽ 水資源
減少並回收建築用水，鼓勵用水利用、節水器選用。

❾ 汙水處理
汙水與垃圾集中處理，減少對景觀環境的影響。

綠建築標誌

綠化、生態

保水、水資源、汙水

日常節能

二氧化碳，〇〇

垃圾減量

室內環保

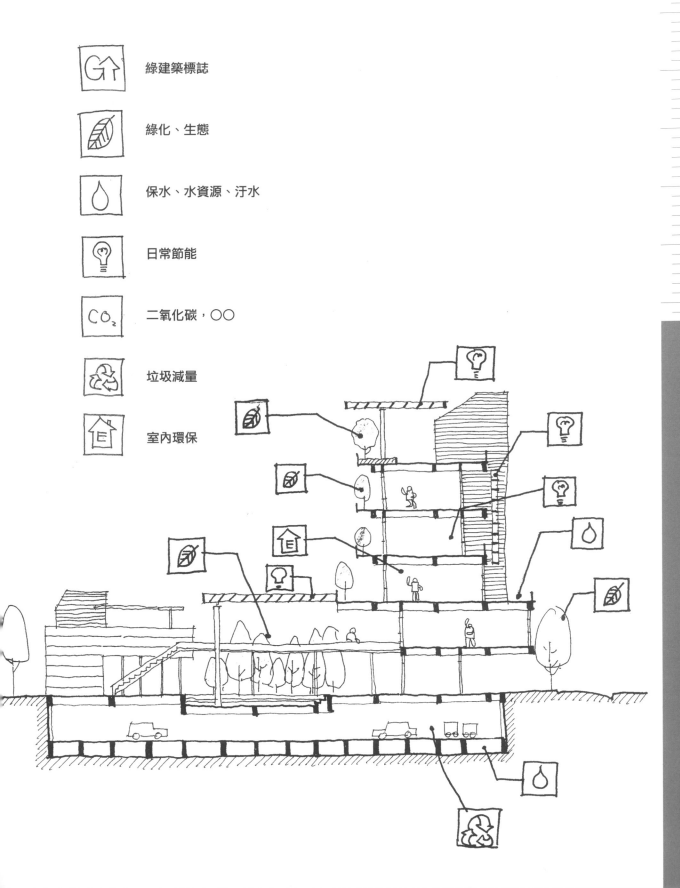

7 智慧建築的空間思考

智慧建築是這幾年新興的名詞，發明這套系統的學者專家認為，智慧建築可以讓建築更安全，能防災、又健康、很舒適、貼心又便利，最重要的是可以節省能源。

做一個建築師，要上知天文、下知地理，左讀法規、右懂結構，現在又多了一個智慧建築，我只能嘆氣的説：我們還得懂網路和電腦。（這真的超過我這白癡的學習能力了）

做設計的你，有幾件事得注意：

❶ 不管新舊建築都有機會成為智慧建築。
❷ 要有一個房間接很多電腦和感應器，隨時監控所有空間的安全和能源狀態。
❸ 要有一個管線空間，向外連接一堆我們搞不懂的設備，例如光纖、甚麼纖，這些線又可以連接許多神秘的地方，構成一個只有電機系才懂的神祕系統。

8 歷史建築再利用的空間思考

建築物和歷史扯上關係的法源是「文化資產保護法」，法規裡面定義了不同的文化資產。建築有兩種，一種叫古蹟，一種叫歷史建築。

簡單見解是，「古蹟」沒有偉大的歷史故事或人物曾在這裡發生一些事件，「歷史建築」則有。古蹟只是一種單純的建築物，不小心很美好地和環境結合，而且展現當時人們的生活文明。

因為上面的定義，設計的環境或基地裡有「古蹟」的時候，絕對不能去變動它，破壞它。如果是有「歷史建築」，因為它產生的背景和偉大的故事或人物有關，所以可以再利用，但利用的時候記得跟這些人物或故事有關。

除了上面的利用限制外，還有管理維護的要求：
❶ 日常保養、維修。
❷ 使用、再利用經營管理。
❸ 防盜、防災、保險。
❹ 緊急應變計畫

建築設計手法上能做的事情：

❶ 良好的保全措施 --- 監控設備
❷ 良好通風、排水 --- 微氣候運用
❸ 主動消防措施 --- 消防設備
❹ 保養、維修 --- 結構安全監控與補強

智慧建築

基礎設施

安全監控設備

網路整合

貼心便利

健康舒適

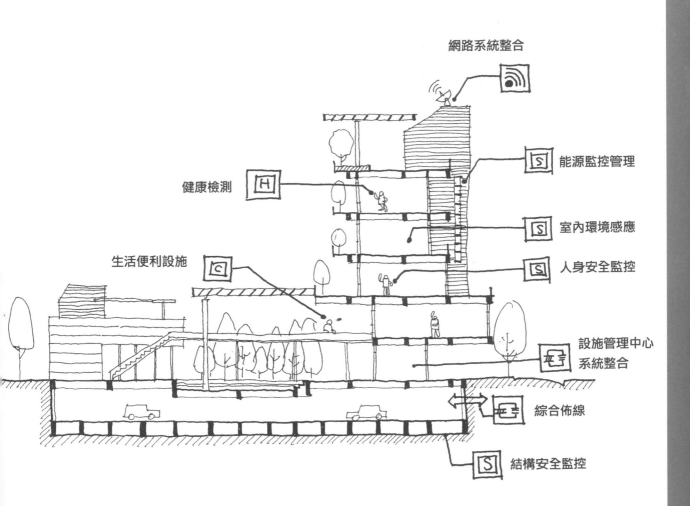

網路系統整合

能源監控管理

健康檢測

室內環境感應

人身安全監控

生活便利設施

設施管理中心
系統整合

綜合佈線

結構安全監控

ARCHITECTURE MASTER CLASS

SPATIAL THINKING

第 四 章

CHAPTER FOUR

建築師的
武器

建築空間計畫
量化的空間

空間計畫的內涵——
建築是有趣的行為觀察

建築的空間計劃──討論文字的空間化

「建築計劃之工作即是將使用者的各種意圖，配予適合的空間單元與大小，再將這些空間單元，組織成一個有序的整體空間。因此，這樣的空間形態和結構，事實上即為了容納意圖所延伸的『活動與行為』、『用途』或『機能』。換言之，此在將抽象化的意圖，轉為適宜的概念性空間。

使用者的有序組織因而必然與其空間組織相互吻合，而組織化的空間就具有該有序組織所含有的意義，空間的組織如社會文化的內部組織一樣，可視為由具有獨特角色（或地位）的空間單元和其間的關係所構成的整體，其所具有的機能，在於滿足某種意圖所延伸的特定『活動與行為』或『用途』。

各空間單元之間的關係就是這個整體的內部結構網路。它決定了某種『活動與行為』或『用途』在整體中的空間位置與彼此的聯繫關係。確定角色與關係是組織空間時必然的過程，亦即空間如何組合或分化，而後如何產生關係。」

——摘自 100 年專技人員考試建築計劃與設計科

上面這段文字，是影響我建築設計最深的一段。它讓我覺得考建築師是一個有水準的考試（當然我還是很感冒沒水準的評分方式）。這段文字說明了一件事，建築設計不是單純由結構技術堆疊的學問，它同時也在探討人、行為、角色與空間之間的關係；但這段文章對於久沒閱讀的我們來說，實在是很難「讀進」腦袋，下一節就簡單說明一下。

舒適的記憶
感受空間的尺度

TITLE 4-2

建築不只是紙上冰冷的圖面，身為建築師，
一定要記得用身體感受空間；無論是活潑、莊嚴、優雅……
當你的建築能夠讓人第一刻就產生無以名狀的感性共鳴，
而非「說不出來的不舒服」，**建築的生命力便於焉誕生。**

要在建築師考試裡選出最讓大家苦惱的一件事，應該是「空間定性定量」吧，這個深刻的問題在考試的設計世界被放大了很多倍。

事實上，這個問題並不是只有在建築師考試的時候才會出現，開會的時候，業主會要你檢討空間的規模；唸書的時候，老師會要你說明怎麼定義這些設計裡的空間。遇到這種狀況，如果對象是業主，那只能摸摸鼻子，從腦袋裡變出一點數字給他；如果是老師，有可能連他都說不出個道理。如果你沒業主、不用唸建築系、也不用考建築師，但你很有機會租房子，甚至買房子。所

以當你遇到這類問題時該如何面對呢？

累積空間經驗

我們每天早上從起床、吃早餐、喝咖啡、趕公車、進公司上班，這一連串過程都不停的在各個空間交換、移動；每次與空間的相遇，都是我們累積空間經驗的最佳機會。

吃早餐的時候可以感受桌椅的尺度、顏色、質感；在咖啡館享受一杯美好的咖啡時，除了燈光和音樂讓咖啡香更濃厚以外，咖啡館的窗臺高度、吊燈

位置、牆壁材質和質感、地板的樣式，甚至是空間高度，也都左右著我們享受咖啡時的美好經驗。當然，除了美好「正面」的空間經驗，有些時候（……對悲觀的人而言可能大部份時間是如此），空間也會給我們不好的「負經驗」，譬如，我兒子討厭整齊排列的升旗操場，代表空盪、冷漠、制式；我老婆討厭的生意好的麵包店，為了幾條不起眼的麵包，得擠身在寬約七十五公分，長度約五公尺的「麵包走廊」，加上昏暗的燈光與濃厚溫暖的麵包味，在盛夏的日子裡，短短三公尺的路程可以耗盡你一天的好心情。對我這樣可悲的上班族而言，最糟的空間經驗應該是跟業主開例會的會議室……老舊大樓裡的老派裝修會議室，長約十公尺、寬約五公尺、高不到三公尺，距離遠得剛剛好的室內空間，讓與會者得像罵人一樣拉高嗓門，大聲發表高論（其實他什麼都不懂）；低矮的天花板加上下沉的投影機，像佛祖的大手，壓這我們這些來開會的猴子建築師，直教人「生不如死」。

不要只說我家的空間經驗，來聊聊大家的集體記憶吧，先回到學生時代：放暑假前，空氣熱得像是不含氧的有毒氣體，四、五十個血氣方剛和正值花樣年華的少男少女，白色制服上面有著半濕的汗印，讓衣服呈現半膚色的狀態；距離我們三米高的吊扇，發出頻率固定、聲調低沉的葉片旋轉聲。不被老師喜歡的「壞學生」，坐在距離他八公尺遠的教室垃圾區前面，在每張桌子相距不到七十五公分的距離，交換每週新出刊的《少年快報》。

數值化 + 情感

空間是人們生活的容器，這個空間容器因為每個人不同的活動，而有不同的空間記憶；而你做為塑造空間的人，可以記下這些構成記憶的尺度，運用在即將被你創造的圖面。

回頭看看我在前面的描述，如果那是一篇文章，我做為一個空間的藝術家，負責的工作便是為這些語句加入「數值化的尺度」，再為這些抽象數字加入一些情感上的人性意義；就好比音樂家將音符重新排列，將音符轉化成動人樂章。

建築師考試的空間要求，則是少了人與人的尺度，多了城市內空間與空間之間的尺度。想要掌握最小尺度可以從我們最熟悉的「教室空間」開始練習，後面我們將利用這個約 8m×8m 的矩形空間說明如何結合空間與結構。

TITLE 4-3 數值化 空間感受

「空間格」是表達空間面積的尺度單位，許多因素可能影響空間面積大小。有時是存在既有空間，大小無可變動；另外可能以使用人數或活動目的為主要考量。而本節將說明設計實務與考試設計中時可能會出現的四種思考要求。

1 直接說出空間的面積需求

直接的空間量描述例如：展示空間 600m²、友誼空間 480m² 等等，遇到這樣的要求，代表出題者認為建築師的工作是整合各個空間的關係。空間大小由假設的業主根據自身經驗提出，出題者不在乎設計師的空間想像，但希望你忠實的將這些「單純的空間名稱」，透過建築師「有意義地」組合這些空間名稱，好讓其變成一間「好用」且「實在」的房子。

你可以這樣做

前面的章節提到構成一個空間的基本尺度，是一間 8m×8m 的方形教室。題目簡潔說明了空間面積需求，你只需要快速換算為「基本空間格」。

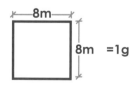

- 基本空間格　　1g=8m×8m=64m²
- 展示空間　　　600m²÷64m² ≒ 10g
　　　　　　　　→代表展示空間約為 10 間教室大，也可以說是 10 個基本空間格
- 友誼空間　　　480m²÷64m² ≒ 7.5g

2 以空間的「使用人數」，說明空間面積的需求

　　業主最容易以「使用人數」評估空間使用方式和效益，就算不是專業人士，都可以用這個方法來設定一個空間的規模；但是，我們是受過專業空間操作訓練的專業人士。業主若是用這樣的方式提出基本的空間想像，我們該如何回應？

業主：「Hey！建築師你好，我想蓋間可以坐滿一百人的餐廳。」
建築師 A：「啊！所以這空間要多大？」
建築師 B：「嗯！很好，我覺得你的想法很明確，這可以是一間很高級的餐廳，大概需要 150m²（大概 50 坪）左右，約 8m×20m 就很夠了。」

　　這時建築師 B 比了比對話的空間，輕鬆地說大概這間會議室的兩倍大。若以此方式假設，那大部份的空間都可以用人數推估空間需求。

　　如果你是業主，你會用哪一個建築師？不用討論都應該選 B 建築師，但是為什麼呢？其中有句最主要的話：「大概要 150m²」，你應該會很好奇這句話產生的背景和理由，假設建築師不是專業的空間經濟規劃師，你可以大膽地這樣設定，若同樣都在一個空間內：

- 只有人，沒有桌子
  →則每人需要 1m²

- 好幾個人用一張桌子
  →則每人需要 1.5m²

- 一人用一張桌子
  →則每人需要 2m²

　　上面 B 建築師所面對的空間案例推測容納 100 人，且好幾個人一桌，所以每人要 1.5m²，因此 100×1.5=150m²，此餐廳適合 8m×8m×2.5（約兩間半的教室）的空間尺寸。

你可以這樣做

如果某個題目或者業主提出要求：

1. 多功能會議室 100 人
2. 200 人餐廳
3. 50 人教室

 多功能會議室
↓
演講廳
↓
一人一把椅子，沒有桌子
↓
一人 =1m²
∴ 100 人多功能會議室
=100 人 ×1m²
=100m²
→ 100m²÷64m² ≒ 2g（格）

200 人餐廳　　　200 人 ×1.5m²
↓　　　　　　　　=300m²
很多人一張桌子　　→ 300m²÷64 m²
↓　　　　　　　　≒ 5g（格）
一個人 =1m²

50 人教室　　　50 人教室
↓　　　　　　　=50 人 ×2m²
一人一張桌子　　=100m²
↓　　　　　　　→ 100m²÷64 m²
一個人 =2m²　　≒ 1.5g（格）

3 以比例説明某空間佔整體空間量的比重

　　當業主或出題老師，以比例表達各個空間的使用需求時，你應該要感到萬幸，因為這等於直接告訴你，即將興建的案子中哪裡是重點空間；但這樣會衍伸另一個問題——總樓地板面積要多大？

　　回顧一下什麼叫「以比例説明各個空間的分配比重」。最有名的題目是 100 年專技設計科考試的「兒童圖書館設計」，題目是這樣的：

空間需求

❶ 圖書閱覽空間
　（占總樓地板面積 1 ／ 5）
❷ 親子遊戲空間
　（約占總樓地板面積 1 ／ 10）
❸ 多功能展演空間
　（約占總樓地板面積 3 ／ 20）
❹ 親子研習空間
　（約占總樓地板面積 3 ／ 20）
❺ 行政管理空間
　（約占總樓地板面積 1 ／ 10）
❻ 其它空間
　（約占總樓地板面積 1 ／ 10）

建築師考試中，很重要的一個要求就是：期待通過建築師考試的建築師，在未來從事建築設計時，能夠從整體環境考量基地的角色。而以比例說明空間的面積需求，則是希望建築物的設計人可以先提出有益城市空間的建築量體；**當正確設定量體後，才根據各個空間的重要性與差別，進入細部設定。**

你可以這樣做

請參考前篇章節，「建築量體該多大」的內容設定題目的建築規模，再根據各空間比例，定義出不同的空間量。

4 只有空間需求，請設計者提出面積建議

關於這種問題，常讓我想起以前大學上設計課，老師要我們做建築計劃；光是思考空間量的設定，就足夠耗掉我們一大堆時間，那時我們總會抱怨：我就不相信老師真的知道怎樣評估空間量！為什麼不能把設計課的時間用在想空間、多畫圖、多做模型呢？

過了這麼多年教設計的經驗，我漸漸體驗到一件事：做為一個空間的創造者，如果不能掌握空間的基本尺度和需求容量，哪裡有資格進一步探討空間的

品質？做為一個空間的藝術家，請好好面對這個基本、單調，卻又影響深遠的問題。

回頭思考前面三個推估空間量的方法，建築師的責任是將使用者的需要，轉換成具體且具尺度的空間。如果定義空間量的責任落在建築師身上，其實我們可以用倒推的方式找出答案。

你可以這樣做

---

❶ 方法：

最適合環境的建築量體

＋

依空間的重要性，將比例分配在建築量體內

---

❷ 方法二：

用教室做為想像的比較基礎，進一步類比想像不同空間的可能大小。

例如：

診療室 $= \frac{1}{3} \times$ 教室

$\therefore$ 診療室 $=20m^2 \fallingdotseq \frac{1}{3}$ g

方法 2 很適合用在有陌生機能的題目，大家可以試試看，將身邊常常駐足的空間和教室做比較。

法定樓板
面積的運用

容積率是怎麼來的？

什麼是容積？這本書是要大家從空間的觀點，培養對空間的思考。如果用深奧的法律名詞說明，就違背了本書的初衷。簡單講，通常會用百分比表示一塊土地能蓋多少面積，譬如 240% 的容積率，代表每 $1m^2$ 的基地面積，可以蓋出 $2.4m^2$ 的樓地板面積；當然，若要認真研究，還有一堆空間定義的問題，我們不在這裡多做說明。

先思考一下容積是如何訂定出來的。

老實說我不知道，但能想像一個畫面：一群學者專家憑著學術上對不同地方的調查，想像出一個被「科學量化」的數值，再根據政客的政治實力與經濟利益，驗證數值的正確性，土地價值數據化的結果，也就反應了政客的財富。

當然這只是我個人偏激不負責任的想像，而且是充滿情緒的推測。（做為一個負責任的空間創造與空間教育人員，我還是要正面宣揚政治家與政府的美好與良善…噁～…）

好的，假設真的就像我講的，容積率的訂定無關空間是否美好，無關城市是否宜居，那麼身為建築師或者空間創作者的我們，就是要將這個莫名其妙數值，「美好」地反應在土地上。

有了這個核心思考方式，我們可以產生一個簡單的目標，就是無論容積的規定或要求為何，都要創造一個最美好

的空間才對得起自己，尤其是不用精準面積的設計。

該不該把容積用完？

我的主要設計業務是集合住宅設計，服務的業主，多半是「土地開發商」，也就是大家口中的建設公司；對他們而言，容積就是賺錢工具，每一米平方、公分平方、都反應著財務上的商業目標，所以「把容積用完」是必然要件。

集合住宅設計是台灣建築設計產業的主要核心，久而久之，「把容積用完」便成為建築師的基本工作；但是反過來思考，什麼時候不會把容積用完呢？

❶ 業主的預算不夠。
❷ 業主不需要那麼多空間。
❸ 業主想分階段把容積用完。
❹ 基地上已有即存的建築物，只要整理、維修，再利用就好了。

沒錯，就只是這些簡單的理由，所以容積不會用完。當我們面對建築師考試的題目時，請把自己當業主，思考該如何利用題目中的基地，該如何決定容積的使用程度。

NOTE

你可以這樣做

- 建築師不能是唯利是圖的建商，你思考的方向應該要有利城市發展，不是有利建商利潤。
- 城市發展應該是和諧有序的，因此在決定適當容積量時，建築量體不能太過突出，不要高過周圍量體。
- 過度的容積（樓地板面積），容易造成都市開放空間不足。設計時可以先設定最適宜的「建蔽率」，再決定適當的容積率。
- 可以考慮再利用基地內有即有的建築，減少過度開發。
- 法定的容積率與建蔽率，規定了基地開發的極限，但不是美好設計的標準。

TITLE 4-5 空間計畫與 建築量體設定

空間計劃有四個思考流程：建築高度、空間屬性、空間分布位置與室形。
每一種考量都有其出發點和經驗基礎，不過，這也是建築有趣的地方，因為在每一環思考架構之中，仍有創意與翻轉的可能性。
瞭解基礎，站穩腳步之後，建築師們請儘管用自己的姿態，大步向前吧！

1 建築物高度與規劃

容積樓地板面積 ÷ 30% 建蔽率的建築面積 = 所需樓層數

上面的式子中，每個數字代表的意義，都和現實生活中的設計不太一樣。現實生活的樓地板面積是由很多複雜公式構成的，誠如建築師公會理事長所說，建築師的工作已經淪為數學計算，不是做設計。沒錯，做這工作十多年，我一直搞不懂怎麼算出正確面積；所以要如何在考場（或初步）抓出合適的樓板面積總量，就不該用真實生活的計算

方式來處理。

除此之外，在古早的時候，前輩建築師或設計補習班，總是教我們把建築物畫得不成比例的小，好讓整個基地充滿活潑的開放空間，以獲得評審老師的賞識。這樣操作的結果，就是常常出現圖面中的廁所，比其它重要空間還要大的囧境。

在這個日新月異的時代，人的眼睛早就被電腦的準確性養壞了，看到以上那些沒有根據的圖面，只會讓人覺得不專業。因此，如何讓你的圖展現出具有

全面理性分析的成果,是建築人該有的基本功。

科學理性的方法達到這個目標,方法就是找出一個美好的「建蔽率」,而這個建蔽率的參考值是 30%。

從建蔽率反推建築物高度

我們在樓地板面積省略複雜的計算過程,僅以「容積樓地板面積」做為建築規模的發展依據,也就是「容積率 × 基地面積」。這樣的數值結果除了簡單計算之外,還有另一個重要意義,就是象徵了土地的使用強度,單純以此做為設計標準,最能表現設計與環境的關係。

關於 30% 建築率的設定,就是要對應以前把建築畫太小的問題。進入都市計劃時代後,都市計劃地區內不同分區都被賦於不同的使用強度,也就是我們常聽的容積率與建蔽率。前面的章節有說過建蔽率和容積率的運用,這裡再強調一次,建蔽率與容積率是一個基地的開發上限,不是必須達到的目標。也許容積率攸關土地的使用效率,需要極大化使用,但建蔽率影響的卻是完全相反的問題,代表城市裡開放空間的比例與品質。

考場前輩為了釋出更多開放空間,曾經教我們縮小建蔽量體的規模;在這個求精準和講道理的時代,我們也得用

當我們在思考建築量體規模的時候,可以先以 30% 為基準,設定一個樓層的最大樓地板面積,再反推建築物的樓層數與高度。接著然後畫一個陽春的量體透視,檢視量體與開放空間的比例;這個小的量體透視圖,還能用來評估各個空間,在基地中可能的位置與樓層。

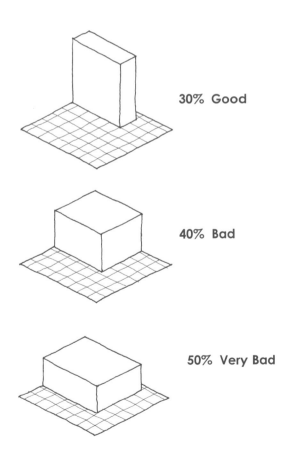

30% Good

40% Bad

50% Very Bad

我們討論過如何利用基地位置和周圍環境條件，接著設定建築物的高度限制；知道這個限制後，就能從建蔽率的觀點，找出最友善環境的開放空間比例與尺度。最後用基礎的容積限制，設定建築物的「樓層數」。

講到這裡，必需幫大家建立一個概念：

建築物高度⟷城市景觀品質
建築物樓層數⟷使用強度

高度與樓層數不是絕對關係，而是相對關係。

12m 高 ⟶ 4F×3m
⟶ 3F×4m
⟶ 2F×6m

從上圖可以看出它們的關係。有時候我們被要求的機能與樓地板面積是較大而密集的，這時可以降低樓層高度，以達到某個建築高度的要求；**但有時被限制樓高，就會面臨無法達到基本空間量的要求。當遇到此問題，還有一個「量體地下化」的策略。**

量體地下化

遇到這個問題的狀況應該是這樣：

- 機能與樓地板面積（↑）：越高
- 建築高度（↓）：越低
- 建蔽率（↓）：越低

這時可以考慮將部份量體設置在地下室，並且安排地下室廣場空間，延伸地面層的開放空間，加強開放空間的趣味與品質。

2 空間屬性──室內的動與靜

分析環境的時候，會用關鍵字分析出基地裡的三個區域：核心區、動態區域和靜態區域。這三個區域分別反應出基地外部的環境與空間性質，所以在基地內以動、靜態做為回應的策略，也設定了基地內不同區域的性質。

到了前一個步驟，我們將分析的尺度由大環境漸漸拉回建築本體，而這個建築本體本身又是另一個微小的「大環境」；因為這裡面充滿複雜的使用與機能，這些機能除了要滿足題目或業主要求外，還要適當地與外部環境產生關聯。這使得建築內部的空間系統，呈現令人崩潰的相連動關係，這可能是我們做為建築人最痛苦的一個部份──排平面。

這是個千頭萬緒的工作，我們需要一個美好的開始，就從為這些空間設定屬性開始吧！延續前面的操作邏輯，不要把事情搞得太麻煩，就為這些空間做動態跟靜態的設定就好。各位同學，也不要把動靜態想的太複雜。簡單講，會吵的，有人走來跑去的叫動態；反過來，如果裡面的人都安安靜靜又不太動，甚至人很少，那就是靜態的。

動態室內空間

❶ 有活動
❷ 會吵鬧
❸ 人很多
❹ 需要和外界互動

靜態室內空間

❶ 沒啥特別活動
❷ 安靜
❸ 人少
❹ 使用獨立
❺ 需要被管制的

3 室內空間的樓層位置

決定了每個室內空間的動、靜屬性後，腦中應該對他們有初步瞭解了。接下來要設定這些空間在 Z 軸的位置，也就是樓層位置。

跟區別動態，靜態一樣，這也不是什麼困難的事。越需要與人群和開放空間結合的活動，樓層會越接近地面層；而使用越獨立，越需要被管制的，通常就會被丟到樓上。

低樓層室內空間

❶ 需要貼近人群、活動

❷ 較不需要被管理

高樓層的室內空間

❶ 使用性質獨立

❷ 進出需要管制

　　講這些應該很多人會覺得是騙稿費的廢話，但越是廢話，越有機會表現出你的想法和別人不同。如果能善用這些大家眼裡的廢話，就能輕易產生讓人眼睛一亮的設計概念。

　　首先，這些室內空間都是硬梆梆的機能空間，很容易全部被歸類到無聊的「靜態室內空間」，如果你能為這些空間找出轉變為「動態室內空間」的可能。那代表你找到一種新的使用可能性；套一句內行話，這就叫「創意空間」。反之，那些大家都認為很有活動的空間，譬如「多功能展演空間」、「兒童遊戲空間」等，如果你能為這些空間想到靜態的可能，就產生了優質有趣的動靜空間轉換，你的設計也就和大家有不一樣的創意手法了。

讓空間有創意的方法

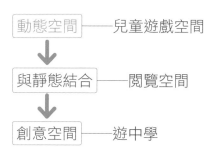

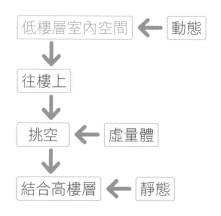

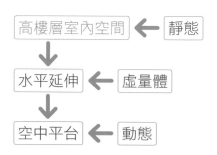

補充思考：為何二樓算是一個可靜可動的樓層位置？

4 設定「室形」

室形，
使用機能的身材

　　每個人都有他的專長與價值。很多時候，這些專長與價值會反應在個性、表情，甚至是身材。我是個建築師，常常要動腦並且久坐，常常因為「以為」吃糖可以幫助思考，所以咖啡和糖永遠不離嘴，也所以，我，很肥很胖。

建築師 → 獨特角色
　↓
動腦想設計 → 使用與機能
　↓
傻笑、吃甜食 → 空間特性與質感
　↓
肥胖 → 室形

　　就像人一樣，「空間」也有屬於他們的機能、個性、角色和形狀；表演空間會是胖胖的，工作空間可能是瘦長的。有了這些簡單的想像，還要搭配我們最愛的空間格「g 值」，$\frac{1}{400}$ 的 g 是 8m×8m，則一個簡單的展演空間，他的室形應該是 2g×3g。一般來說，若

不是特殊的空間，則他們的空間室形可用短邊長 1 到 1.5g 做為標準，向長邊做變化。

舉例
若閱覽空間 ≒ 270m^2 ≒ 4.5g
→1.5g×3g

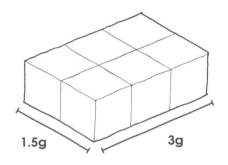

1.5g　　　3g

　　完成室形的設定，即完成初步的平面單元定義；有了這樣的基礎分析，才可以產生有系統的平面組成。

基本建築規模與量體呈現

建築的最基本形狀——長方形量體

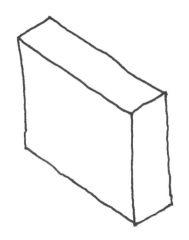

Q1：為什麼不是圓形？

A：圓形是一個很「符號」的形狀，「符號」代表某種東西，是專屬某件事物的；如果一個形體本身就有很強烈的個性，代表這個形體可能無法和周圍環境融合，在發展密集的環境下，很容易變成影響地景的視覺怪物。所以建築最基本的形狀不能是圓形。

Q2：為什麼不是正方形？

A：正方形缺乏正面，令人難以明確辨識出入口位置。

任何一個建築物都會有入口，雖然不一定在正面，但絕對會在容易有一定識別性的面向。也就是説，建築物一定有入口，並且會設置在讓人知道「入口」位置的那個立面；相對來說，這個有入口的立面，就是該建築的重要立面「之一」。由此可證，建築物的量體有方向性，每個立面都該有方向上的意義，而正方形四邊都一樣長，較難表現出哪個方向是較為重要的立面；相反地，長方形的長邊就很容易讓人瞭解建築量體的正面在哪。

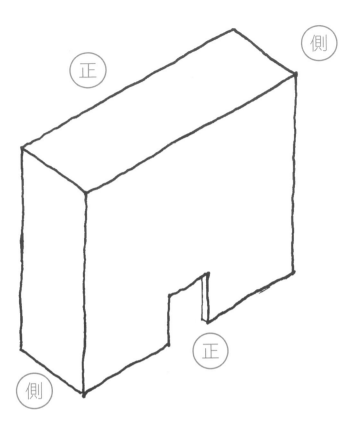

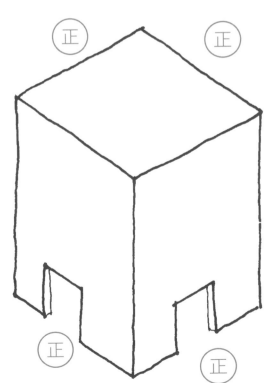

TITLE 4-7 建築量體計畫的操作示範

建築量體計劃操作流程說明

1 唸題目、找空間

找出可以構成建築量體的室內空間，並條列表示空間項目。

2 設定空間大小尺度

用前面說明的各種方法，設定各個空間的大小與尺度，並且轉換成 g 值。

3 大致設定「室形」

以前項設定好的 g 值進一步設定各個機能空間的形狀，設定的結果就是「Xg × Yg」。

4 設定「樓層」位置

各個空間因活動強度而配置在相對應的樓層。樓層有四種：

- 地面層
- 2F
- 3F 以上
- 地下層

❶ 地面層

可以設置活動強度最高的空間，一般會是最需要和主題開放空間結合的空間。

❷ 2F

如果基地因為面積或形狀，無法將「需要與地面層開放空間結合」的空間設置於地面層，則可以設置在二樓，透過大型的階梯將它與地面層串連。

❸3F 以上

扣除需要與開放空間結合的空間,剩下
的空間都應該往 3F 以上的樓層丟。一來
這些空間可能需要私密性,譬如需要較
強的管制,如辦公室、教室、住家。二
來可以減少建築面積壓縮到開放空間。

❹ 地下層

和「2F」一樣,可以透過地下廣場與地面
層結合,又可以避開大型空間對主建築
結構系統的影響,是一個處理大型量體
空間的好方法,但設置不好,會影響開放
空間對人潮流動的順暢性。

❺ 合計總樓地板面積(＝總格數)

加總所有空間的 g 值,準備進一步設定
建築物的量體。

❻ 設定建築物可能高度

1. 參考周圍建築層數,作為設計建築的
   層數與高度。

2. 參考基地所在區域,設定建築物的樓
   層數。

   都市中 ➡ 8F ～ 15F,或 15F 以上。
   城市邊緣 ➡ 4F ～ 7F
   鄉村 ➡ 1F ～ 3F

3. 8F ～ 15F、4F ～ 7F、1F ～ 3F 是 三
   個樓層數的合理區域都可以運用。

❼ 用「最優建蔽率」,

以總 g 值反推樓層數

最優建蔽率為 30%,一個建築與空地的
最美好比例。

❽ 比較 ❻ 和 ❼ 決定建築高度

以 ❻ 為優先,倘若差距太大,以　為主。

❾ 繪製陽春量體

須將基地邊長換算成 g 值,使大腦能夠
感受基地的大小與尺度。

| 範例 | 97 年設計跨國企業員工度假中心 | | | |

步驟 ❶ 列空間		設定大小		設定室形		設定樓層
❶ 度假小屋 （30 間）	→	？（非設計內容）	→	無	→	1F
❷ 學員宿舍 （30m²/10 間）	→	5g	→	1g×0.5 g×10	→	2F
❸ 研習教室 （48m²）	→	1g	→	1g×1g	→	2F
❹ 創意工作室 （18m²×10）	→	3g	→	1g×3g	→	2F
❺ 器材準備室 （24m²）	→	0.5g	→	1g×0.5g	→	2F
❻ 講師辦公室 （24m²×2）	→	≒ 1g	→	1g×1g	→	2F
❼ 交誼空間 （自訂）	→	3g （假設與餐廳一樣大）	→	1g×3g	→	1F
❽ （娛樂空間 乒乓 48m²、 撞球 36m²、 遊戲 36m²、 健身 90m²）	→	合計 210m² ≒ 4g → 1g×3g	→	1g×3g	→	1F
❾ 餐廳 （120 人）	→	≒ 120m² ≒ 3g	→	1g×3g	→	1F
❿ 行政 （96 m²）	→	≒ 1 g	→	1g×1g	→	2F

量體計畫步驟示範表（Ⅱ）

5 合計總樓板面積

2F 以上：12g

\+ 　 1F：10g

----

22 g

6 樓層設定

- 鄉村區 ➡ 3F 以下

7

- 基地尺度與建蔽思考
  - ➡ A：150m×160m ≒ 18g×18g
  - ➡18g×18g×0.3
    ≒ 97.2 g
  - ➡本設計空間需求為 22 g，小於建
    築物面積（30% 建蔽率）97.2 g
  - ∵ 僅需於地面層設置建築量體即可

8

假設可能量體規模

↳ 1g*11g*2 幢 =22g

1g*6g*4 幢 =24g

9

量體示意圖

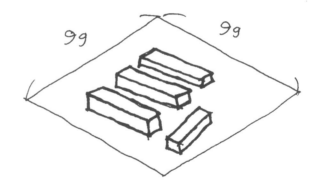

ARCHITECTURE
MASTER CLASS
SPATIAL THINKING

第 五 章

CHAPTER FIVE

建築師要對
環境充滿
想像與關懷

切配置，
找出基地裡不同特色的區域

TITLE 5-1 配置
是用「切」的

配置的安排根據題目裡的關鍵字,**用不同比例「切」出基地內的不同區域**。「切」是精確且明快的動作,因為此時還不需要加入太多創意,**先根據環境條件與題目需求,找到邊界、主要活動區和核心區**,形同建築物落定的雛型,再慢慢添進各種變化。

開始畫配置

學生時期畫平面時,太在意細微的尺度,怕做出不能用的空間,顯出自己的不專業;進入建築業又被太多法規的數字控制,想畫出美好沒拘束的設計,反而綁手綁腳,無法完整表現將腦中的想法概念。這一切原因都來自你的腦袋——只有數值,沒有空間的尺度。要解決這個問題,先從「切配置」開始。

「切」本身不帶任何煩惱,只是單純的動作。唯一要思考的就是為何而切,如何下刀。要為每一刀下定義、做判斷,用源自題目的每個字句,思考定義和判斷。

**找出題目裡最重要的關鍵字
——找出基地的正面**

最重要的一句話,決定出基地中最重要的邊界;這個邊界就是基地的正面。但有時這句話很抽象,很難跟圖面中的基地配置圖聯想在一起,這時候就是一個很好的思考訓練機會,利用關係的聯想,提升腦袋的思考能力。

有些題目強調環境問題，像是當題目說「城市太擁擠」，你就很容易聯想到，找出基地周圍最擁擠的地方當成重要邊界，再以設計手法解決擁擠問題。

有些題目則希望建築師能「與鄰為善」，那基地中最重要的邊界就是有最主要鄰居的那個邊界。

有的題目在乎與現有建築的關係，那最重要的邊界便會緊靠這個現有建築。

有的時候，影響重要邊界產生的關鍵字不在題目的文字裡，而在題目的基地現況配置圖裡；譬如奇怪的老房子、有意義的歷史建築等等，下筆切配置的時候，就得將重要邊界往他們靠攏。

找出產生主要活動的區域

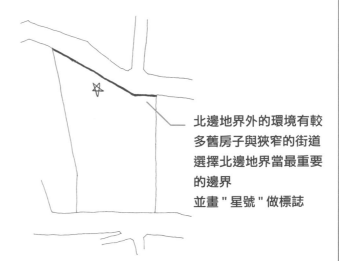

基地左邊有正在經營的歷史建築，且為未來設計的經營單位所以重要的邊界為左邊地界

102 年建築設計 - 都市填充
最重要關鍵字，環境關鍵字 ➔ 基地內既有歷史建築，現為基金會經營

北邊地界外的環境有較多舊房子與狹窄的街道選擇北邊地界當最重要的邊界
並畫 " 星號 " 做標誌

105 年建築設計 - 社區圖書館設計
最重要關鍵字，議題關鍵字「老舊擁擠的城市」。

104 年敷地計畫－最重要關鍵字

環境關鍵字 ➤ 基地內的兩棵大樹
基地周圍沒有太特殊的東西，使得基地既有的大樹成為
重要的設計影響因素
右邊的地界為重要邊界

100 年建築設計－最重要關鍵字

(1) 環境關鍵字 -- 公園
(2) 議題關鍵字 -- 共生
" 公園 " 為基地周圍最有 " 共生 " 條件的設計因素
基地左側邊界為 " 最重要邊界 "

❶ 畫星星找重要邊界

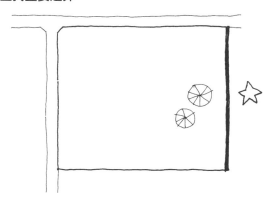

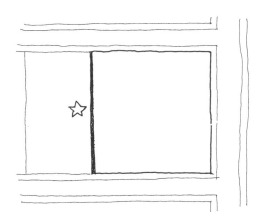

❷ 垂直重要邊界的縱深三等分

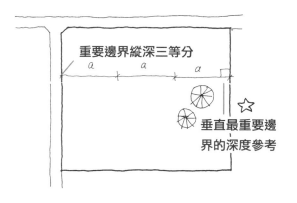

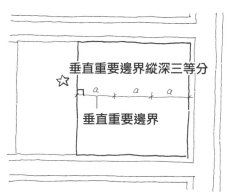

❸ 分出重要與不重要的區域

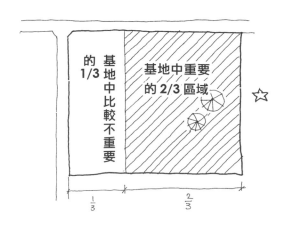

基地中比較不重要的 1/3

重要 $\frac{2}{3}$ 活動區

　　確定了基地的重要邊界後，就可以進行下一步：找出基地內的主要活動區域。我稱之為「重要 $\frac{2}{3}$ 活動區」。先初步說明什麼是「重要 $\frac{2}{3}$ 活動區」，就是這個區域內，未來會產生設計裡的「主題開放空間」（請參考之前對五大區域的說明）。

　　然而操作至此，我們還沒有足夠的參考線索，能夠明確定義出主題開放空間的範圍，因此只做第一階段的區位定義。然而這個 $\frac{2}{3}$ 是什麼？它是垂直於最重要邊界的基地深度。三等分後，鄰重要邊界的 $\frac{2}{3}$ 範圍。

室外開放空間

　　室外開放空間也是一樣的觀念，可以在切配置的階段，將配置圖視為開放空間的「系統圖」；只是單純以矩形，回應環境與題目的設計條件與解題線索，還不用加入創意的形體思考。

　　這時候你會有第二個質疑：不是強調要「正方形」嗎？這時候又變成「矩形」了。沒錯，當你認同這時的配置只是開放空間的系統圖，所有區域應該只是簡單的矩形後，我們來說明一下矩形和正方形的差異。

矩形 vs 正方形

　　正方形是矩形的一種，差別在於邊長比例不同。細長矩形的長寬比大，形狀狹長，有一種流動的不穩定感受；正方形的長寬比是 1，沒有特定的方向感，給人穩定而聚集的感受，因此很適合作為宣示目的地空間領域，這樣講應該很能理解了。但單純的正方形，確實也容易淪為呆板的形式，為了增加空間的趣味性與創意，應該在完成「開放空間的系統圖」後，以有趣的形式為空間加入特色。

在 $\frac{2}{3}$ 裡找出正方形
——找出基地裡的「核心區」

上一個步驟找出了基地裡的主要活動範圍，我們還得找出這個區域的「重要正方形」，也可以稱為基地裡的核心區。之後除非量體太大或太小，否則這個核心區應該就是題目世界裡的「主題開放空間」。

接下來說明如何找出這個正方形——「重要 $\frac{2}{3}$ 活動區」會有一個較短的基地邊界，請依此做為正方形的其中一邊，畫出完整的正方形。有的人會問為什麼是正方形，不能是圓形、長方形或任何不規則形狀嗎？

如果你也有這問題，麻煩這樣思考看看：我們通常是用矩形，做為初步規劃建築室內平面的圖畫形狀，不會用特殊形狀去畫室內空間的平面；在置入創意概念思考前，這個平面圖純粹是一堆矩形的組合，並不是最後的完成圖，這階段說是平面的系統圖也不為過；等到設計的概念與創意想法成形，才會將這些圓的、扁的輪廓加到矩形的平面內，讓平面產生有趣的邊緣。（核心正方形的位置在後面章節說明）

103 年敷地計畫——

❶ 最重要邊界
KEY WORD 河岸綠帶

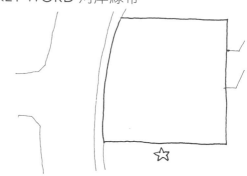

❷ 垂直最重要邊界縱深三等分

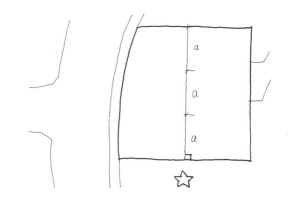

❸ 找出重要的 $\frac{2}{3}$ 區域

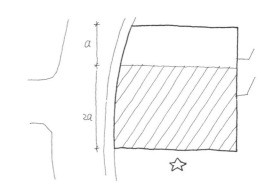

❹ 在重要的 2/3 區域內，找出短邊 2a，進而以 2a 寬度找出 2ax2a 的正方形

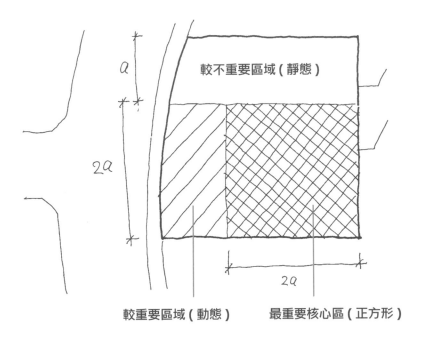

較不重要區域（靜態）

a

2a

2a

較重要區域（動態）　最重要核心區（正方形）

產生正方形的
核心區

用關鍵字找出核心區的位置

我們在前面利用了最重要邊界的縱深，產生基地的「重要 $\frac{2}{3}$ 活動區」，然後知道要用正方形去定義整個基地的核心區；但核心區只是重要 $\frac{2}{3}$ 活動區的一部份，因此位置很可能是浮動的。延續前面的觀點，我們一樣需要利用「關鍵字」，來設定核心區的位置。

這個關鍵字影響的範圍，只單純針對重要 $\frac{2}{3}$ 活動區，且這個關鍵字可能不會出現在題目的文字裡，而是出現在基地現況配置圖。因此，除了在題目裡搜索可以運用的關鍵字外，最好還能列表關鍵字，因為「列表」這個書寫動作可以帶來深刻印象，能快速的從關鍵字找出可以運用的對象。

如果你懶得列表關鍵字，至少得完整地在圖紙上清楚複製基地現況，才有充足的設計「線索」。

核心區的定義

扣掉找關鍵字的過程，開始討論「核心區」的定義。以「96 年設計文史工作室」為例，有四個重要關鍵字：

1. 北：綠地與公園
2. 東：有意義的舊建築街區
3. 西：新建的集合住宅社區
4. 南：老屋圖書館

題目中重要的關鍵字先假設是：「社區意識強烈希望保存歷史建築」，因為

❶ 最重要 key word

歷史建築社區圖書館

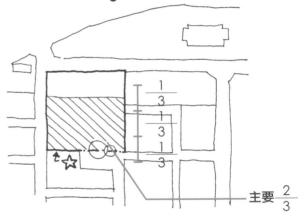

最重要邊界

❷ 找出最重要 $\frac{2}{3}$ 區域

$\frac{1}{3}$
$\frac{1}{3}$
$\frac{1}{3}$

主要 $\frac{2}{3}$

這句話，我們可以將最重要的基地邊界與南邊的社區圖書館結合，因此最重要邊界為南邊的地界。由南邊地界往北邊縱深 $\frac{2}{3}$ 範圍為「主要活動區」。

接下來開始找可以定位出「核心區」的線索。前面我們講的五個項目中，已經用掉了「社區意識強烈」與「南邊有老屋圖書館」，剩下的三個，最能呼應有意義歷史建築的關鍵字，應該是「東側有意義的舊建築街區」。這句話影響的範圍在重要 $\frac{2}{3}$ 區域的右邊，也就是說，如果核心區是正方形，往右靠則該區域同時連結到南邊老屋與東邊街區，可以同時發揮基地東側與南側的重要歷史建築價值。因此便找出基地中的核心區與其位置。

❸ 次重要邊界 key word

東邊有意義舊建築街區
東邊地界為次重要地界

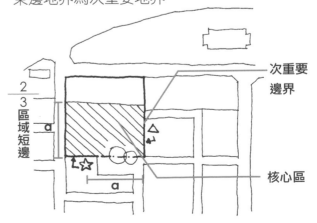

次重要邊界

核心區

$\frac{2}{3}$ 區域短邊

a

a

❹ 最重要核心正方形
向次重要邊界靠攏，
使核心正方形同時連接南邊與東邊
找出核心正方形的位置

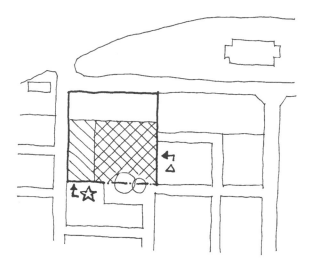

為「核心區」下註解
——在圖面加入文字分析

　　設計發展的每個過程，都該有關鍵字與文字分析來說明每個步驟，以及每個圖面產生的原因與對應策略。在前幾頁切配置時，我們不斷強調，最重要的關鍵字如何產生最重要的基地邊界，進而推尋出基地裡的「重要區域」與「核心區」。當圖畫發展至此，已經運用了幾個關鍵字；之所以選用這些關鍵字，都有我們想了老半天的理由，這時候就是運用這些想法和理由的最好機會。因為這些理由都不是亂掰的，而是能讓基地分出不同區域與不同個性。

　　我們可以用下面的方式，表現各個關鍵字的運用策略：

空間名稱

☐ Key word
　↳策略

基地核心區

☐ 社區意識強烈
☐ 南邊老屋圖書館
☐ 南邊老樹
　　　↳ 以基地南方區域做為主要活動區
　　　↳ 延續老屋使用與社區記憶
在圖面上，可以用引線與基地配置連結，即成為有力的設計思考說明文字。

TITLE 5-3 找到 入口與車道

空間成立之後，第一個在其中流動的是人，第二就是車了。人是多是少、是分散進出來是大量湧現，背後有其環境因素，貼近因素才能誕生符合需求的設計，千萬不要只看見表面的流動情形。至於車輛也代表了該地車速表現與道路寬窄，規劃車輛進出的同時更要顧及人行安全。

基地的入口開放空間——環境人潮分析

這裡要討論人潮如何進入基地。在我們的學習過程中，關於基地周圍環境的人潮分析，很容易淪為箭頭符號的人潮方向紀錄，反而忽略這些人潮如何影響對基地的分析。這不是我們腦袋有問題，而是我們忘記對這個再普通不過的分析題，做一個明確的分析目標設定。

對於分析基地環境中的人潮，我們要先思考這個分析項目是為了在設計上呈現什麼結果。簡單來說，就是思考人群會如何「進入」我們即將設計的「基地」。回到基地最原始的狀態，人要進入基地只有一個方法，就是：

穿越基地的邊界

我們在前面的章節，一直強調如何用基地的邊界，設定基地的不同區域；現在一樣要利用邊界，找出基地與人潮的關係——**人潮分析就是找出人穿越邊界，進入基地的可能方法。**

我們可以用時間長短區分進入基地的方式，簡單分為兩類：

· 「瞬時集中」穿越邊界
· 「常態分散」穿越邊界

「瞬時集中」的人群

試著思考什麼時候會突然湧出大量人群同時移動，日常生活中最常發生的地點就是校園、捷運站出入口、表演場所……以上地點會有瞬間而大量的人群，往某些特定或非特定的方向移動。如果我們要設計的建築，訴求是開放且希望吸引人群，那我們就得善用這個人潮特色，在基地裡留設相對應的空間來吸收人群。

相反地，如果要設計的建築，是封閉的且不希望被干擾，譬如住宅、安養院等等，那設計時就得適當配置入口與建築量體，避開人群干擾。

「常態分散」的人群

如果我們要設計的基地旁，有一多戶數集合住宅社區。這個社區的人如果有機會進入基地，通常是不定時也無特定對象，就可以將之視為常態而分散的人群。另一種狀況可能是基地周圍有商業區或沿街的騎樓建築，這些區域很容易吸引人群，但這些人群通常是分散且流動的。

1 如何處理人群

大家都知道，要留設入口開放空間來對應這些人群，但我們還可以用更進一步的方法來歸類與處理。

| 瞬時集中 | → | 點對點 |

| 常態分散 | → | 線對線 |

❶ 點對點：

這跟前面一樣不難想像，當基地外部有同時移動的集中人群時，我們可以在基地內設置一個入口點，讓人群有目標地往基地移動；相反地，如果我們不希望人群干擾基地，可以用點的隔絕空間，明確做出「反向回應」。當然在考試的設計世界中，大部份都是要求充分開放或連接外在環境，以便對整體環境與空間有善意的回饋。

❷ 線對線：（＝「帶狀」）

如果基地有完整邊界相鄰某些鄰地或公共設施，則人群通常會以分散的狀態，零碎地進入基地，也就是說整個基地邊界如同帶狀的入口空間，讓人較無方向限制的進入基地。

有時候是城市中的騎樓空間，往基地做長度的延伸；因為騎樓從鄰地延伸而來，因此人群也會隨著騎樓往基地流動，騎樓就是一個明確的帶狀入口空間，讓人群自由穿越邊界。

如果都不是呢？

有種比較麻煩的狀況，就是當基地隔著道路，對望相鄰設施或綠地時，人群會是點狀還是帶狀地進入基地呢？

第一層思考：**道路寬度**

如果道路很寬，當然人會考慮遵循紅綠燈，過馬路進入基地；如果是小巷道，你甚至可以改變道路的舖面，做相鄰基地的連結。如果是透過紅綠燈進入基地，那就是點對點的方法；反之，則可以把道路當綠地的一部份，以帶狀開放空間吸引人群進入。

第二層思考：**對面的設施**

設施的用途若使用人數與活動強度越高，則基地越有機會以固定範圍的點對點面對鄰地；如果是低密度低強度的使用，則可選擇較低調的空間氛圍，也就是平和的「帶狀空間」來應對。

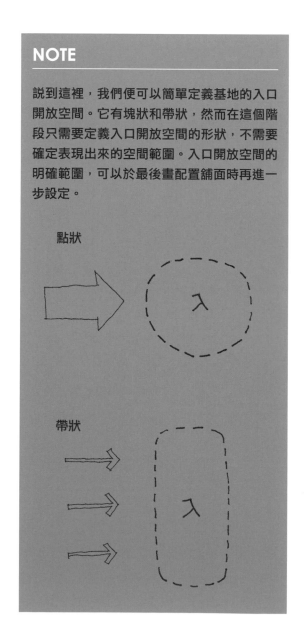

> **NOTE**
>
> 說到這裡，我們便可以簡單定義基地的入口開放空間。它有塊狀和帶狀，然而在這個階段只需要定義入口開放空間的形狀，不需要確定表現出來的空間範圍。入口開放空間的明確範圍，可以於最後畫配置舖面時再進一步設定。
>
> 點狀
>
> 入
>
> 帶狀
>
> 入

考題範例
Examples

103 年敷地計畫

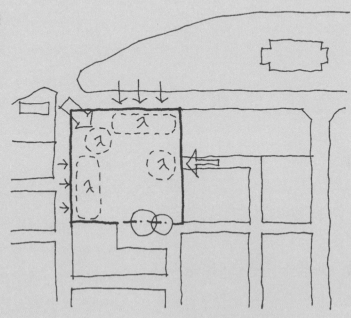

96 年建築設計

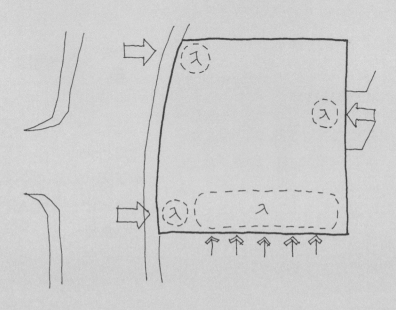

2 基地中的停車入口空間──基地環境的交通分析

基地環境的交通通常不會是文字裡的重點，但是它影響基地每個邊界的安全與使用舒適度，是建築設計中的重要影響因素。做為一個建築師，能敏銳判斷交通對基地的影響是基本要求，我們可以從「街道寬度」和「街道兩側的使用性質」做簡單判斷。

判斷的目標是定出道路的使用強度，基地針對不同的使用強度有相對的設計策略。我在設計操作的步驟裡，將道路分成三個簡單的層級。

❶ 快速車流 ⇨
❷ 中速車流 ⇨
❸ 慢速車流 ∘∘∘∘▷

講到這，一樣，你可能還是會覺得這是有講跟沒講一樣的廢話，這真是一本廢話之書。沒錯，我總是認為「建築」就是一個再簡單不過的廢話學問，只要善用這些簡單的廢話，就可以做出合於「生活基本要求」的好設計。我們繼續討論如何運用這個廢話學問吧！

車流 ❶ 快速車流

快速車流代表當車輛透過這條道路經過基地，不太會受到阻礙。

人行動線與快速車流的關係是對立的，面對有速度需求的道路，人的行為需要避免干擾車流，否則會降低區域間交流聯通的品質。

當基地內遇到這種道路也是充滿痛苦的，因為你得保護小朋友不誤闖馬路，發生意外；你得種很多大樹來吸一吸它們最愛的「廢氣」，並且讓樹群幫你隔絕討厭的噪音；你得留設足夠的人行空間，讓改圖老師感受到你對「人車分離」的用心。

車流 ❷ 中速車道

中速車道不是說車子開在這條路上就會自動慢下來，而是因為路上有很多為了讓行人安全穿越的紅綠燈，車子會因此減速。這是我們生活環境中比例最多的道路，因為有明顯的道路交匯，所以也有清楚的人潮匯集；這樣的人潮匯集點，如果不是主要開放空間，也該是美好的「道路人行開放空間」。別忘了

建築師的社會責任，是為城市空間創造友善角落與美好的使用。

這種車流也代表一個重要的思考可能，就是這條道路可以做為基地停車空間的出入口，為什麼？因為每次車輛進出基地，都會影響原有的車行或人行的連續性。簡單講，若停車出入口設在快速道路會影響車流，設在重要人行道路會影響行人安全；因此適合設置在「中速車流」的道路上。

慢速車流

至於多慢才叫慢，大家可以回想自己體驗過的空間：駕駛搞錯路把車子開進車輛禁入的地方——夜市；這些開進夜市裡的車子，就像把沒有四輪轉動的轎車開到沙灘上，舉步維艱，動彈不得。

如果一條路，會讓車子必須禮讓行人，我們就可以定義這條路為「慢速車流」。

會出現這種道路的原因只有兩個，第一就是路太窄，第二就是人很多。尤其台灣在路太窄的情況下，可能兩邊還停滿了汽機車，駕駛為了閃避當然車速就慢；當車速一慢，人群就更放心地漫步其中，才不管有沒有車子被卡住。

另一個情況是人太多，人太多當然要減速慢行，但是我們反而要注意造成人多的原因。譬如可能是因為道路兩邊有熱鬧的商業活動，也可能因為鄰近校園，有很多學生在上面遊走。

路窄人多令車子減低車速來友善行人，因此在設計時甚至可以大膽將這樣的街道視為基地內的開放空間，與基地整體結合，除了可以加強基地與外部環境的結合，更可以強化基地內部開放空間的品質。

交通分析的結論

快速車流

☐ 道路 >15m

☐ 區域性連續道路

↳ 有噪音 ⟶ 綠帶設施，隔絕或遠離

↳ 有廢氣 ⟶ 綠帶過濾

↳ 影響人行安全 ⟶ 設置步行通路，使人車分離

↳ 影響基地內使用 ⟶ 以樹陣廣場圍塑開放空間

↳ 影響基地與外部環境連結 ⟶ 可以做步行橋連通

中速車流

☐ 道路 8m 至 15m

☐ 有斑馬線供穿越

↳ 車輛移動受號誌管理 ⟶ 設置停車出入口，不影響原有車流

↳ 路口交叉處，人群匯集 ⟶ 可設置人行開放空間，友善環境與基地內的
非「核心區」、「重要區」鄰接，不可設置
停車空間

慢速車流 ○○○○○▷

☐ 道路 < 8m

☐ 道路兩側有強烈商業活動

☐ 即有巷道

↳ 車速緩慢 ⟶ 可做為基地範圍的延伸，擴張開放空間範圍

↳ 以行人為主 ⟶ 可在配置上改變鋪面形式，強化行人路權。

105 年建築設計　　　　　　　**103 年敷地計畫**

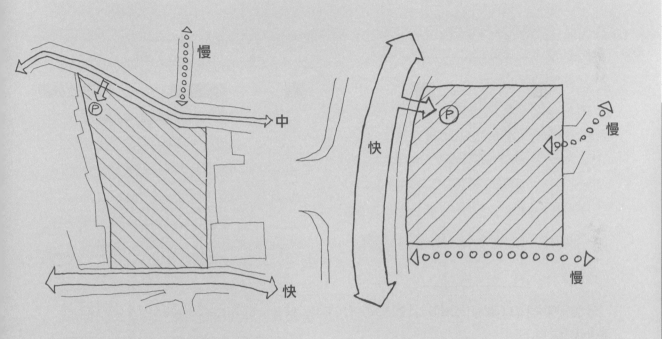

　　我稱上面的章節為「切配置」，在考場可視為「基地環境分析」的步驟。以往都是把基地環境分析當成設計完成後的補充說明，以符合題目的做答項目要求，但現在可以更積極地視為整個設計過程的思考起點，不要只當成一個被要求的圖面。如此可以讓我們更有效地利用每個圖畫做設計思考，提升設計的準確度。

　　如果，把「切配置」當設計思考的一部分，那做完交通分析之後還有幾個步驟，可以加強「基地環境分析」的完整度。

加入 Hatch

完成切配置，成為基地環境分析之後，
加上背景線條就能讓人一眼看出每個空間的特性。
不用複雜的文字說明，只要橫豎疏密不同的直線就能點出用意，
像是建築人的快速密語。

填入還沒運用的關鍵字，加強各分區的特質

前面我們用題目裡最重要和第二重要的關鍵字，定出 $\frac{2}{3}$ 活動區和核心區；利用道路和人潮，定義停車和入口空間。但通常還有很多關鍵字沒被運用到，這些關鍵字可以對應到相關位置，變成各個區域的有力說明文字，為各個分區加入更有說服力的論點。有時候可以為次要開放空間加上，不輸「主題」或「入口」開放空間的特殊空間主題。

為不同區域加入具方向感的 hatch

完成整個基地環境分析的圖面與文字後，每個分區都只是空白的矩形方塊。雖然方塊與方塊區域之間有不同大小比例和形狀，來區隔彼此的差異，但閱讀時還是不能讓讀圖的人很直覺地感受到空間特性。也許你有豐富的文字說明，但讀圖的人可能沒有充足時間去細讀每個字，因此在圖面加入代表不同意義的 hatch，即可補足上述問題。

Hatch 也有四種型式

- 平行線
- 格子線
- 較密的平行線
- 較密的格子線

不同區域上的 hatch，也有簡單順序可以依循。

❶ 核心區（格子線）

↓

❷ 次要活動（平行線）
核心區外的 $\frac{2}{3}$ 區域

↓

❸ 其它區域（較密平行線）

↓

❹ 沒有鄰接道路的其它區域（較密格子線）

圖例

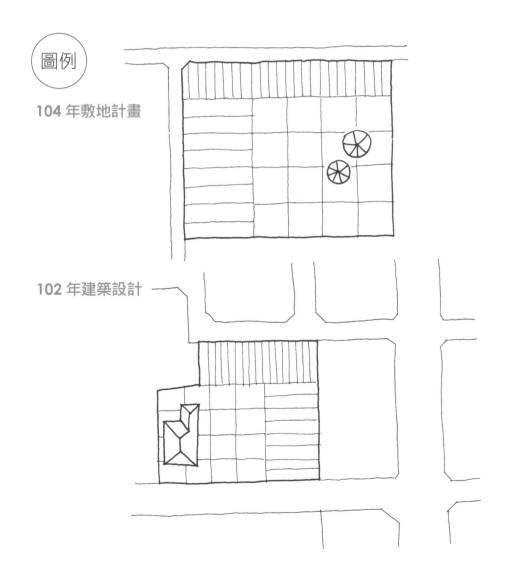

104 年敷地計畫

102 年建築設計

❶ 核心區──格子線

我們找到的核心區是個正方形的區域，加上格子 hatch 後，讓人在視覺上有停留與聚集的效果；在空間上，則有圍塑與凝聚的空間感，正好適合核心區的空間特色。

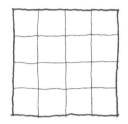

❷ 次要活動區──平行線

次要活動區是 $\frac{2}{3}$ 區域非核心區的部份，通常形狀不是正方形，在空間的特性上會是核心區的附屬；在圖形的表現上，可以用具方向感的平行線，並參考人潮的方向，繪製平行於人潮方向的平行線。產生將人牽引入核心區或其它區域的結果。

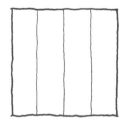

❸ 沒有鄰接道路的其它區域──
較密的格子線

所謂較密的格子線，講的是線與線的間距，為前面平行線的 $\frac{1}{2}$，就能讓兩區域產生很大差距，也是希望利用這種間距的視覺差異，來突顯空間性質。甚至利用疏密變化來加強重要區域的視覺存在感，像是間距越疏，在畫面上有留白的效果，容易被突顯出來。回到對於「沒有鄰接道路的其它區域」，我們以較密的格子 hatch 來表示，是為了加強這個區域的邊界感，使視覺動線有結尾的效果。

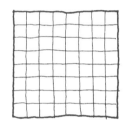

❹ 有鄰接道路的其它區域──
較密的平行線

這個區域除了是基地邊緣，也因為鄰接道路而負有引導人群方向的功能，因此用較密集的平行線來表現，線段的間距和前面第三點的區域一致。

CHAPTER SIX

建築師的
頭腦要像
科學家一樣
充滿邏輯性

畫泡泡空間，
架構空間系統

TITLE 6-1 新品種的 空間泡泡圖

泡泡圖是空間次序鋪排的基本概念工具，傳統泡泡圖或許因為功能有限，隨著建案越趨複雜便很少使用，但是設計概念的基本工可不能因此缺失。所以，是時候認識新品種泡泡圖了，結合空間格的做法，讓泡泡圖再次成為設計者的邏輯好幫手。

重新瞭解與熟悉泡泡圖

100 年設計題目「兒童圖書館」，有一段話很經典：「使用者的有序組織必然與空間組織相互吻合，而組織化的空間就具有該有序組織所含有的意義」。

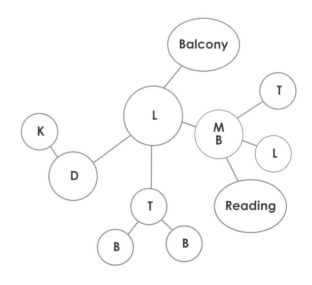

這句話講白了，就是我們唸書的時候，老師要我們畫的泡泡圖。泡泡圖由很多大小不同的圈圈組成，並且用簡單的連結符號相互串連圈圈，這樣的串連，表現出空間圈圈之間的關係。

上圖是簡單的小家庭空間組合，顯示居家空間的四種機能層級——用餐、主臥、次臥、工作陽臺；這是我們很熟悉的日常生活空間型態。

隨著年歲漸長，接觸的設計類型越來越廣泛複雜，也越來越難用單純的空間經驗來進行空間組成系統，不過相信多數人到了這階段，也漸漸冷落了這個基本的分析工具，連帶就忘了「空間有序組織」對建築的影響。泡泡圖不是帥氣的圖面，很多時候甚至被當作落後不先進的圖面，別這樣，它會陪你走過入門建築的頭年，未來的日子裡，還是可以當你設計的戰友。

認識新品種的泡泡圖

傳統的泡泡圖是用很多大小不同的圓圈，和連結線段表現各個空間彼此的關係，但僅能表現出空間的重要性差異。為了利於後面各個設計操作的發展，我們可以結合空間格。

將泡泡圖直接轉變成類似平面形態，將泡泡圖的圈形圖改成矩形圖。

從上圖可以看到，這個矩形也不是四四方方的普通矩形，它的四個尖角是圓滑的弧線。會希望將尖角畫成圓角，是因為尖角很容易引發建築人無聊的繪圖美學要求，我總是怕這樣小小的美學要求中斷了思緒。如果將各個尖角改成圓角，可以讓設計者像畫圈圈一樣，快速地用簡單一筆劃畫出來，這樣速度才跟得上腦袋和眼睛運作的速度。

產生泡泡詳

在空間計劃的階段，我們會區別出各個室內空間的動靜態屬性，並且安排在基地內的特定動靜態區域。因此，基地內的各個分區便產生了不同空間的集合，稱為「空間泡泡群」。

因為動靜態差異，空間泡泡群在基地內可能是一個集合的大群體，也可能是分散的許多獨立小群體。回到建築設計的說法，我們可以將這個過程視為是否「分棟」的思考過程。

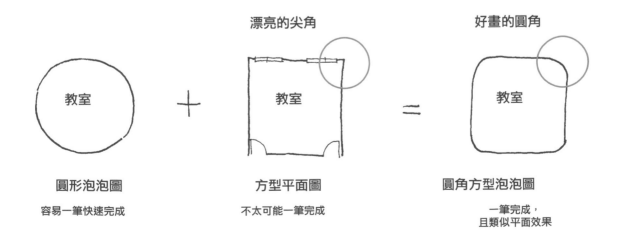

漂亮的尖角　　　　好畫的圓角

圓形泡泡圖　　　方型平面圖　　　圓角方型泡泡圖
容易一筆快速完成　　不太可能一筆完成　　一筆完成，
　　　　　　　　　　　　　　　　且類似平面效果

靜態泡泡群 (教室 , 宿舍)

範例 100 年設計，兒童圖畫館設計

- 圖書閱覽空間 $\longrightarrow \frac{2}{10}$ FLA $\longrightarrow$ 靜
- 親子遊戲空間 $\longrightarrow \frac{1}{10}$ FLA $\longrightarrow$ 動
- 展演多功能 $\longrightarrow \frac{1.5}{10}$ FLA $\longrightarrow$ 動
- 親子研習空間 $\longrightarrow \frac{1.5}{10}$ FLA $\longrightarrow$ 靜
- 行政管理空間 $\longrightarrow \frac{1}{10}$ FLA $\longrightarrow$ 靜
- 其它 $\longrightarrow$ 公設（$\frac{3}{10}$）

泡泡群的總量與高度

我們在前面的空間計劃，將每個空間都設定「g」值，到了這個泡泡群產生的階段，便因為這些先前設定的g值，而有了精確的樓地板總量。同時我們還得利用「基地環境分析」時定的高度發展限制，回推泡泡群的樓層數。

靜態泡泡群

FLA $\longrightarrow$ A×1.2=5070

總樓地板面積（FLA）

$\longrightarrow$ A×1.2=5070m²

❶ 圖書空間樓地板面積

$\longrightarrow 5070 \times \frac{2}{10}$ =1014m²

$\longrightarrow$ 1014÷64（g）≒ 16g

換算空間格

$\longrightarrow$ 1014m²÷64m² ≒ 16g

❷ 研習空間

$\longrightarrow 5070 \times (\frac{1.5}{10})$ =760

$\longrightarrow$ 760÷64（g）≒ 10g

❸ 行政空間

$\longrightarrow 5070 \times (\frac{1}{10})$ =507

$\longrightarrow$ 507÷64（g）≒ 8g

∴ 此泡泡群總「g」值

$\longrightarrow$ 16+10+8=34g

假設經過分析，量體的適當高度為15m（請參考前篇內文），約為 4 個樓層。可得「靜態泡泡群」的每個樓層約為2g×5g（或 2.5g×4g）的平面空間量。

★結論：這個「靜態泡泡群」的量體約為 2.5g×4g×4F。

小思考
Thinking

 ：**為何不是 1g×8g 或 3g×3g ？**

❶ 假設一個樓層的平面形狀為 1g×8g，平面會變成

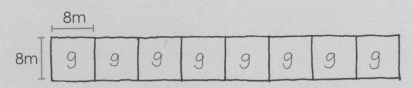

此種結構系統不好，也不容易配置公共設施如梯間、走廊、廁所。

❷ 如果是 3g×3g，會有一個很長的矩邊，在平面容易產生暗房。

且形體均質，不容易圍塑開放空間。

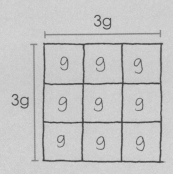

找出泡泡在基地內的位置

決定好泡泡群的量體規模後,可以進一步將這個立體的泡泡群放在正確位置。這個位置跟它所屬基地的分區邊界有密切關係。我們最早在切配置階段,利用「比例」觀念將基地分出不同區域:

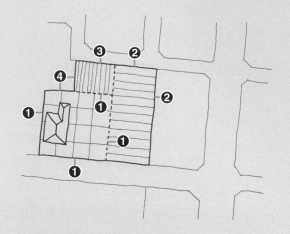

❶ 第一邊界:臨核心區邊界
❷ 第二邊界:有特殊意義沒有臨核心區邊界
❸ 第三邊界:臨路但較無意義的邊界
❹ 第四邊界:未臨路,但較無意義的邊界

- 核心區 ——→ 主題開放空間所屬區域
- 動態區域 ——→ 動態室內空間與活動所屬區域
- 靜態區域 ——→ 靜態室內空間所屬區域

除了訂出不同的區域外,也因為這些分區產生了很多基地內的「區域分界線」。這些分界線不只是界定每個區域的範圍和大小,還有一個很好用的功能——做為建築物「放在」基地內的「定位參考線」。每個基地內的動靜態分區,都至少有四個方向的邊界:

❶ 第一邊界:臨核心區的邊界
❷ 第二邊界:具有特殊意義的邊界
❸ 第三、四邊界:較無特殊意義的邊界

不同的分區定義出各自的邊界後,泡泡群即可依據它們的性質去「靠」在邊界上。記住,是「靠」在邊界上,強調這個字眼是為了設計者有操作上的思考程序,而且能結合感受,使這些設計程序成為直覺動作,不要花太多時間去做模糊的決定。

如果一個泡泡群的空間屬性,適合靠近核心區(未來的主題開放空間),那這個泡泡群就會靠在第一邊界:臨核心區的邊界;反之則靠在離核心區較遠的邊界。

決定好要靠在那個主要軸線後,通常還要思考,是要接近有意義的邊界還

是無意義的邊界？如此也會讓泡泡群「量體」往不同方向移動，而與環境更緊密連結。

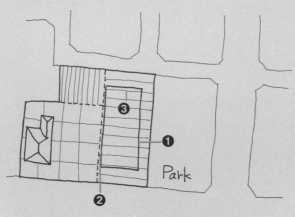

❶ 根據分析
　置入建築量體於相對應的基地分區內
❷ 讓建築量體靠這核心區的第一邊界設置
❸ 此時僅是靠這正確邊界，但位置未確定

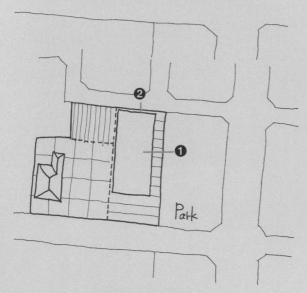

❶ 建築物往北靠向第三邊界
　（為了讓南邊流出與公園連接的開放空間）
❷ 建築量體設定完成

考慮基地分區的面積尺度與泡泡群大小

也要考慮分區大小與泡泡群的關係，會面臨簡單的三種狀況：

一、分區「中」與量體「中」-103年敷地計畫

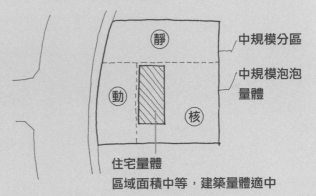

中規模分區

中規模泡泡量體

住宅量體
區域面積中等，建築量體適中

是美好的狀態，建築泡泡群置入基地後，圍塑出漂亮的主題開放空間，並且留下適當的零碎空間做為過道。

二、分區「小」與量體「大」-102年建築設計

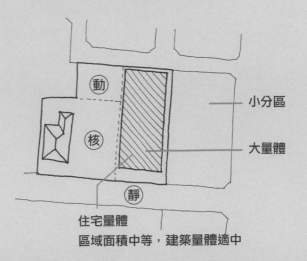

小分區

大量體

住宅量體
區域面積中等，建築量體適中

最糟的狀況，需移動邊界線或改變建築泡泡量體的形體，來符合分區大小。

三、分區「大」與量體「小」-104年敷地設計

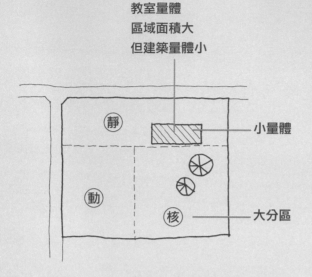

教室量體
區域面積大
但建築量體小

靜　　　小量體

動　　　核　　大分區

也不是很優的狀況，雖然可以無憂無慮的置入建築泡泡群，但置入後留下很多開放空間，代表之後要花很多心力處理景觀與地景問題。

不過別緊張，還有很多有趣的設計程序，可以破解這些問題。

泡泡與泡泡之間的關係

我們在前面找出了泡泡群在一個樓層裡能運用的大小和範圍，完成這個步驟後，我們要將各個室內空間的泡泡，置入不同樓層的平面範圍。除了和傳統泡泡圖一樣，要用線段表現出各個空間的關係，最好還可以一同設定好泡泡在該樓層平面的位置，減少日後發展平面的複雜度。

如果要能表現空間泡泡之間的關係，又要能做為初步的平面架構，該如何處理呢？

範例 **104年敷地計畫**

❶ 泡泡的大小要有比例。

也就是泡泡要能結合分析時的「g」值，成為一致的東西。

例如

a. 教室 6 間

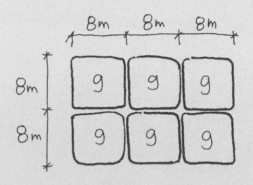

b. 圖書館≒16g

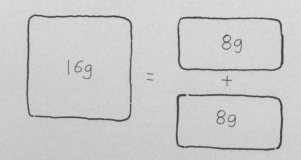

188

❷ 泡泡要緊密相鄰。

舊的泡泡圖用箭頭或線段，來說明泡泡之間的關係。

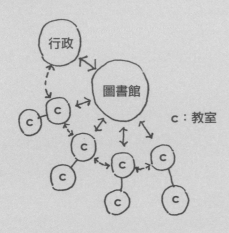

❹ **最好一開始就在設定好的平面範圍內操作。**

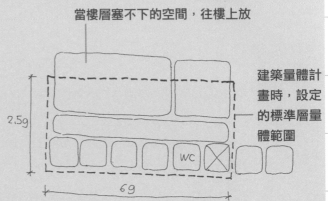

當樓層塞不下的空間，往樓上放

建築量體計畫時，設定的標準層量體範圍

但這樣真的只能表現泡泡之間的關係。我們可以利用泡泡的緊密相鄰，來表現關係的發展。

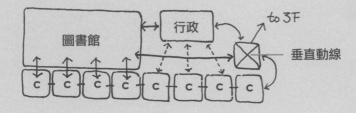

❸ 加入公共設施。

走廊、梯間、廁所。使一個樓層的平面機能完整。

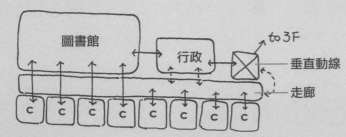

TITLE 6-2 產生初步的 建築平面

利用制式方格，架構出平面，
從空間用途、比例到適宜的相對位置，
在這裡要將各種空間思維高度邏輯化；不僅是為了讓圖面漂亮合理，
更是要有效率地應用在考場作答的時間。

快速設計中的空間計劃

操作
目標

❶ 有效利用答題紙上的方格紙，進行有系統的空間排序。

❷ 利用不同題目的操作練習，建立對空間組合的理則觀念，免去在圖紙塗塗抹抹浪費時間，做空間組織的正確判斷。

❸ 合理設計題目所要求的空間形態與空間量，減低過度鬆散的空間量體呈現。

❹ 模組化空間排列，井然有序地呈現結構系統，並減少排列結構的操作時間。

❺ 進一步訓練五大區域與機能空間的關係組合。

操作方式

1

列出題目要求的空間與空間量，並加入自己解讀題目後，原創設計而產生的空間項目，併同列出合理空間量。

2

根據題目對圖畫的比例要求，訂定「空間格」的單元尺寸。舉例，當題目要求比例為 $\frac{1}{400}$ 時，則每一 2cm×2cm 的方格尺寸為 8m×8m。當圖紙上的方格尺寸為 8m×8m=64m² 的前提下，為題目要求的空間量做倍數增減規劃。

例如：

▪ 套房 ➜ 30m²=64m²÷2=0.5 格

↓ 需求為六間

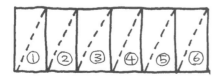

▪ 餐廳 ➜ 100m²=64m²×1.5 格

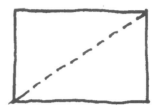

▪ 最後完成成果

套房 30m²
（3 格 =0.5 格 ×6）

餐方 100m²
（1.5 格）

入口門廳 50m²
（1 格）

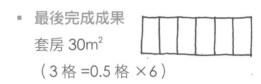

NOTE

• 此頁練習為 **4-7** 的延續，請回前頁複習。

3

根據基地環境分析所訂出之「五大區域」，與建築量體的可能樓層數與量體大小，將「空間格」配置到基地中。此時的配置建議以 $\frac{1}{1000}$ 或有比例之基地範圍繪製，以利進行後續透視圖與平面圖。

五大區域，此時沒有造型沒有偉大的概念，只是合理地將機能配置於基地中。

範例 **無障礙福利中心**

- 入口門廳 ☐ ×1
- 行政空間 ☐ 0.5×3
- 交誼空間 ☐ ×1

直接將空間格置入原先已規劃好的

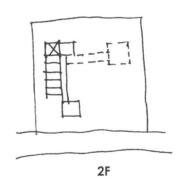
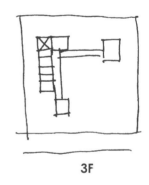

交誼空間 1 格

梯間 1 格

行政空間
0.5 格 ×3

入口門廳
×1 格

1F　　　　　　2F　　　　　　3F

→ 進一步排列結構

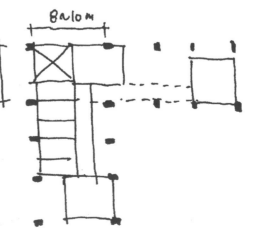

4

模組化「空間格」延伸使用（一）

前面的操作步驟大量使用「模組化空間格」的方式，排列合理的空間架構，這種操作方式又稱為泡泡圖。只不過我們將這些泡泡「模組化」、「方格化」，以方便在規劃初步平面時，能有明確繪圖方式和參考依據，讓我們可以順利

「畫」下去，以便快速發展最終的透視圖概念設計和平面圖。在此操作原則下，我們練習時可以事先制定好一些常用的空間方格，譬如垂直梯間、套房、餐廳、公廁等等。

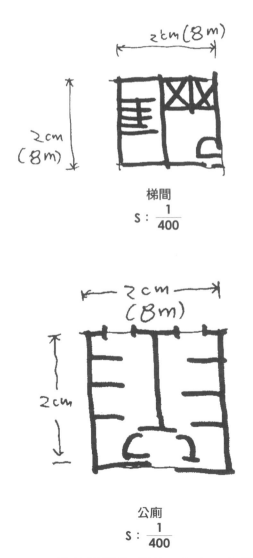

梯間
$S: \dfrac{1}{400}$

公廁
$S: \dfrac{1}{400}$

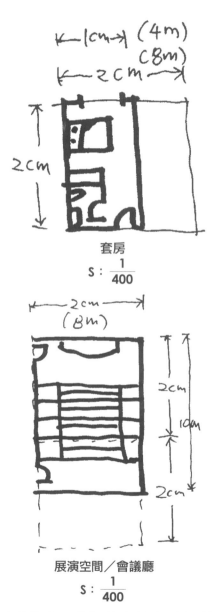

套房
$S: \dfrac{1}{400}$

展演空間／會議廳
$S: \dfrac{1}{400}$

這些慣用的「模組化空間方格」，反應了平時若能充分掌握基本的空間品質，進入考場才能有效率地設計，減少摸索平面的時間。

模組化「空間格」延伸使用（二）—— 一樓的 Lobby 空間

代碼說明：

（a）→垂直梯間   （b）→入口接待區

（c）→廁所   （d）→入口等待區

四種 Lobby 類型   可以搭配的建築量體

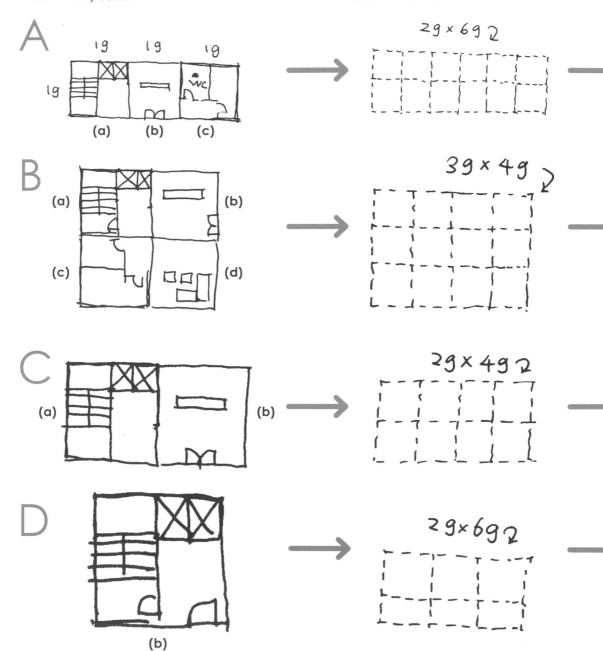

請嘗試將 Lobby（A）至（D），搭配 2F 以上實量體狀況（一）至（四）。

與建築量體搭配的結果　　　　　　　　　可能變化

搭配
方案（甲）

搭配
方案（乙）

無柱子上方
量體懸挑

搭配
方案（丙）

自由的
平面形狀

搭配
方案（丁）

改變柱跨，
以符合上方
樓層空間

x

★★★
X：控制 Lobby 量體與非 Lobby 量體維持超過 1:1 的比例，避免一樓
全被非「有趣」空間佔據。

用議題關鍵字為空間設定特色

在上述圖面完成時，會發現空間除了分室內與室外，還會因為不同的使用者而投入不同的使用機能。因為有人和不同的機能，就會產生不同的空間特色與空間目標，為了這些空間特色與空間目標，空間就不會只是單純的有內外之分。

譬如，有些年社會上有少子化的社會議題，認為當下社會組織、建築空間都應對此議題有深入的探討與策略思考。這些沒有答案的要求，就是希望我們這些建築人能夠幫他們想出對應策略的時候。

這些簡單的字眼必須在建築人的巧思下，轉化出有意義的機能，設計出有影響的空間。

而最直接的表現方式，就是將文字分析中的議題關鍵字分析結果，作為各個空間的說明文字。

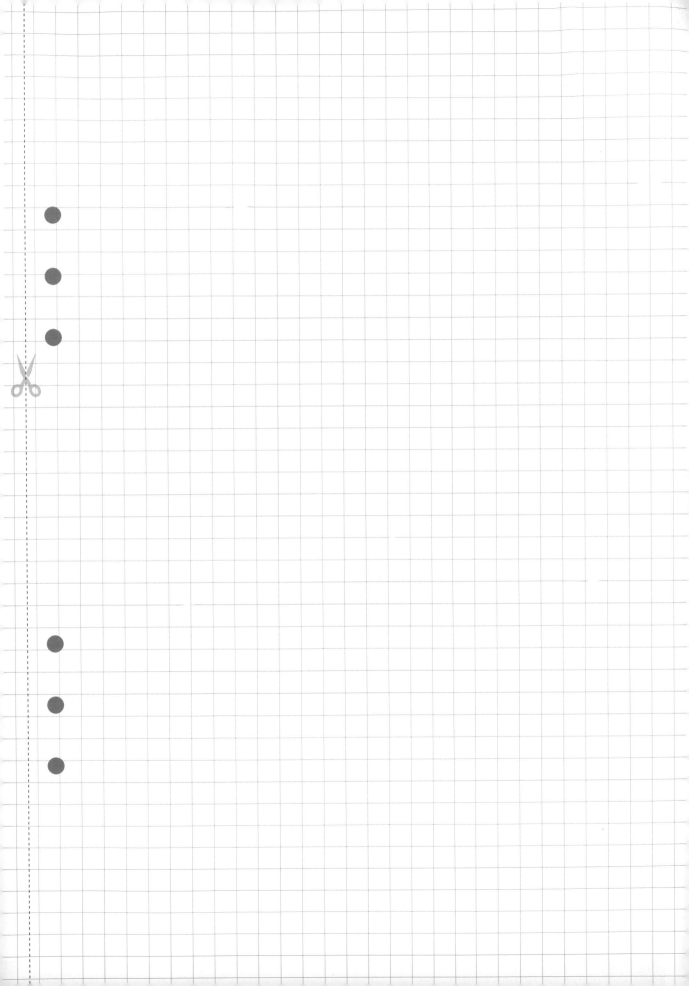

整合圖面上的物件口訣
軸。絕。延。二。一

1 基地的軸線

圖紙與基地的軸線

真實世界中，基地的邊界不會跟你畫圖的圖紙平行。你也許會想説，我可以將基地的北邊對往圖紙的朝上方向。這樣就可以讓圖面的方向跟基地的世界一致。

這個説法有問題。

問題在於，你的基地如果本來就歪歪斜斜的放和地球的北方平行，那你的圖在圖紙上，還是歪歪斜的。

把思考拉回我們前面講的空間格概念。在那個步驟我們將任何機能空間、是壞空間都轉成矩形的空間，也就是説，這個動作可以讓所有的空間都乖乖的產

生可以參考的 X 軸與 Y 軸。

有這麼好的條件，結果我們的基地還歪歪斜斜的，怎麼對得起美好的矩形空間呢？

講清楚一點，前面的步驟就是要讓這個圖紙裡的設計世界，有明確的座標線，讓你理智的發展平面系統。為了這個原因，我們得讓基地躺平或站直。

讓基地躺平或站直的方法

❶ 找出基地的主要前面道路。

❷ 基地前道路和題目紙的 X 軸的角度若小於 45 度，就讓前面道路和這個

道路相關的世界平行圖紙，我們可以
說這個叫做「讓基地躺下來」。

❸ 很少會有機會，要讓基地的建築線及
面前道路，垂直平行圖紙的 X 軸。

❹ 最重要的是，不要讓看圖的人看不懂
你畫的基地，是怎樣的方向，甚至讓
看圖的人以為，你畫的基地是別的基
地。

2 設計的軸線

建築與基地的軸線

前面我們講基地和圖紙的座標疊合
在一起了。接下來的目標是讓人群流動
的方向和基地內的建築物疊合在一起，
當這兩個結合在一起後，基地外部的人
就會有一種往基地內部引入的感覺。

當然，真實社會中，尤其是商業用
的案子（例如： 集合住宅）都是不希望
基地內外可以互相串連，那建築的方向
就得垂直與人群流動的方向。

3 找出將人引入基地的軸線

前面，我們在切配置的階段，幫基
地找「出入口區」與「主題開放空間」。
我們用簡單的對應關係，來說明這兩個
區域的位置，以 96 年設計為例。因為
主要人群來自北方的捷運站與城市的綠
地，因此我們可以說入口開放空間在「基
地的北方」。然後，本設計在前面的計
畫中，我們將主題開放空間設在基地南
方，因為這樣我會說，基地未來的主題
開放空間在「基地的南方」

▽ 入口開放空間 在 基地北方
▽ 主題開放空間 在 基地南方

這兩句話，構成一個人群流動的描述：

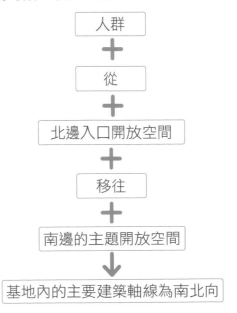

4 二到一
→ 為建築量體設定位置

二樓以上的建築量體

已經說明，建築物不同的樓層高度，有不同的意義，這裡簡單說明一下。

- **三樓以上**：建築物的主要量體需要參考基地與環境的關係。
- **一樓地面層**：每個機能空間，都該強烈的和地面層的開放空間連結。
- **二樓**：與地面層開放空間需要相連結，但因為空間太大或需要管制人群的空間，因此透過一個大型的階梯空間來連結。
- **二樓與三樓以上**：理論上都要透過有安全逃生性的樓梯間做為垂直動線，所以在配置上放量體的時候，我們會把二樓和三樓以上的空間輔以「量體計畫」階段的陽春量體，整合成一個完整量體，便是我在這步驟要"放置"的二樓以上量體。

從二到一放置地面層量體

❶ 放垂直動線

畫地面層配置前，必須先把連結樓上和樓下的垂直動線（樓梯間）定出來，才能開始配置地面層空間，不然，使用者會上不了二樓。

❷ 放入口大廳

垂直動線一定是被放在角落的機能性空間，它臨外的主要空間，要靠「入口門廳」來連接。所以完成垂直動線後，緊接要再放一個「入口大廳」在垂直動線旁邊。

❸ 放地面層中最重要的空間

地面層中最重要的空間，是一個必須和主體開放空間息息相關的空間，可以讓主題開放空間被突顯的空間，它絕對不是樓梯間或入口門廳，有的時候甚至是一個自己想的創意空間。

「放置」這個空間的時候，一定得沿著主題開放空間（或核心區）的邊界，才能讓室內外有充分的互應。

❹ 放置其它空間

扣掉前面的垂直動線（樓梯間）、入口門廳，最重要的空間。如果在文字分析中，還有列出該放置在一樓的空間，再依照空間屬性與基地區域的特性來放置，放置的重點是盡量讓這些空間與核心周圍的參考線產生關聯。

結論

本章節説明地面層的各自空間的「放置」順序。

順序為：

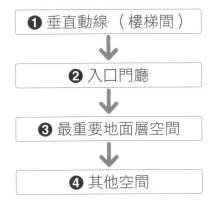

❶ 垂直動線（樓梯間）

❷ 入口門廳

❸ 最重要地面層空間

❹ 其他空間

這樣的順序，是為了讓每個空間彼此的動線能夠順暢串聯，希望讀者能用心試試。

5 找主題開放空間

建築與空間的量體，被放置在基地後，原本用來界定基地不同性質區域的邊界都因為空間量體的關係而被打亂與中斷。但也重新產生不同的區域範圍，套一句考試界的行話，那些補教大師「圍封」。我們就不玩文字遊戲，這個動作，

就是單純的希望，利用各個空間、景觀設施、參考線及延伸線，來「自然」產生有意義的開放空間。因此我們得在量體「放置」後，重新找出核心區的正方形，而且，這個被重新定義的「正方形」就是這個題目裡真正的「主題開放空間」。

基地內的其他正方形

建築與空間的量體被放置後，除了重塑核心區內的主題開放空間外，基地內也會產生很多不同大小的「正方形」區域，如同前面章節講的，「正方形」代表凝聚的視覺效果，也就是説，這個階段可以產生很多不同重要程度的開放空間。而這些「正方形」的開放空間，在未來也可以「五個虛量體」來描述他們的空間特性與用途。

6 絕對領域

　　任何一個基地都有外部環境會影響
基地內建物的配置方式，當然基地內也
有內部環境，得讓建築物配合它產生不
同變形，這些內部的物體，有的時候是
樹，有的時候是房子，有的時候是不知
名的東西，我稱它為「絕對領域」。

基地內可能存在絕對領域的物件

❶ 河流

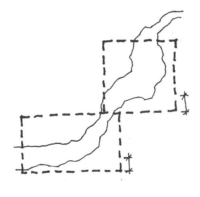

❸ 樹

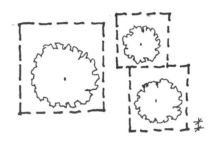

❷ 怪東西

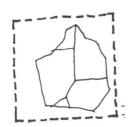

❹ 老屋

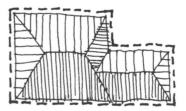

CHAPTER SEVEN

建築師
是創造活動
的高手

畫配置，利用不同街道與鋪面，
產生不同的個性

TITLE 7-1 軟鋪面的選擇
景觀零件 -1

平台、水池或草地，各有明顯特色與實際用途，
能輕易與環境規劃結合；不過要成為真正的建築師，
還是得為空間做更多元的想像，不需要受限三元素。

配置中的三元素
──木平台、水池、草地

木平台

用來突顯某個重要的物體。利用平台繪
製時連續且緊密的鋪面分割線，突顯該
物體的存在感。考題中的重要物體，通
常是老樹、老屋，有時會是我們設計中
重要的空間，如咖啡館或展示空間。

圖例

老樹 ──

老屋 ──

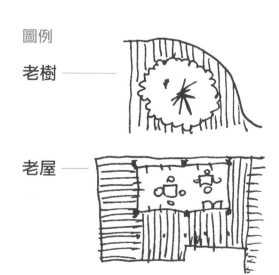

木平台的功能：

- 讓人有一種介於室內／外的曖昧空間。
- 強調重要的空間或設施。
- 路徑。

想像木平台的位置：

- 休閒的空間。
- 大概的四周。
- 需要討論，交流的空間。
- 河邊。
- 半戶外吃東西的地方。
- 表演的舞台。
  也可以上網看看這個材料被什麼空間
  運用。

想像木平台的種類：

❶ **塊狀**：可以放桌椅，有停留的需求。

❷ **長塊狀**：通行路徑明顯，仍有停留的
　　空間。

❸ **細長**：用以圍塑重要物體。

繪製前的注意事項：

❶ 木平台的邊界不能是量體或室內牆體
　的延伸線。

❷ 木平台的量，控制在小於室內空間。
　超過會使畫面變得複雜。

❸ 別讓「細長」的木平台切斷空間的連
　結。

❹ 盡可能想辦法與水池結合，可塑造靜
　態空間的品質。

木平台的運用：

❶ 鋪面分割線方向，垂直於長邊。

❷ 轉換方向的繪製方式

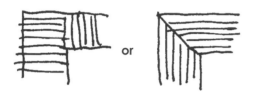

or

轉換方向時如果遇到長度不一致，要注意轉接線的方式：

會有對接不一致的問題

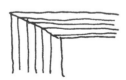

視覺上較為單純

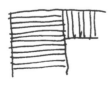

❸ 可以利用平台邊緣形狀的改變，增加圖面的趣味度。

河岸平台

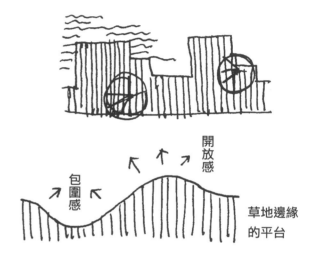

❹ 木平台是一個可以包圍重要物體的工具，因為其存在感很強烈。

相反地，也可能因為繪製不當，成為破壞圖面的兇手。最常出現的狀況是直接切過基地，造成切割基地的效果。

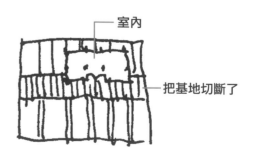

水池

水池的特色

❶ **安靜**——水和水流聲可以成為空間中的「冷靜」元素。

❷ **涼爽**——可以調節微氣候，帶來風和氣流。

❸ **人為的邊界**——水具有阻止外來人士靠近空間的提示效果，可做為隱形的圍牆，尤其是有隱私需求的空間或住宅。

水池的運用

❶ 包圍需要隱私的空間。

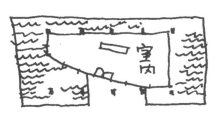

❷ 轉換空間。

通過水池必須要有連接的過道，過道可用來加強入口意象。

草地

草地的特色

❶ 軟化鋪面系統的顏色（色塊）。

❷ 包圍重要的空間，突顯該空間。

❸ 不曉得該填入何種材質鋪面時的最快替代方案。

草地的運用

❶ 次要開放空間中的綠地。先塗滿綠色的草地，再加入必要的路徑。除非次要開放空間只剩下路徑寬度，不然盡量以綠地為主。

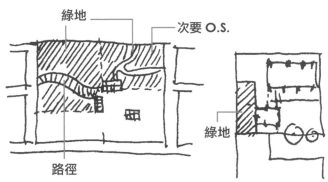

❷ 其它開放空間中的綠地。扣除開放空間的路徑範圍後，填入「不影響通行」的草塊。也可以在草塊周圍加入座椅設施，提供產生停留、互動的空間。

路徑：不需繪出但需要被指示出來

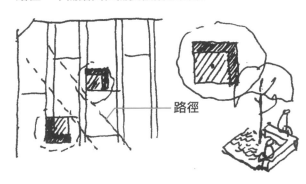

TITLE 7-1 種樹
景觀零件 -2

當我以巨人的角度鳥瞰圖面上的虛擬世界時，樹、街道傢俱對我來說就像一顆顆的種子，而我是 " 地景農夫 "，把這些種子種到軟鋪面的土壤裡。

設置方式

❶ 根據每個範圍的特性，配置以下四種配樹方式。

❷ 種樹時仍是在鋪面的格子系統下配置，使其整體均衡整合。

　　a.「列」樹：行道路，其他周圍的路徑。

　　b.「陣」樹：入口廣場的「樹陣」可成為頂蓋型虛量體。

　　c.「群」樹：用以表現生態性與填充綠地。

　　d.「獨」樹：入口主題樹或者水岸空間的重點空間，具地標效果。

種樹、種草

四種樹的種法

a.「列」：行道樹，有明顯的方向感和路徑感。

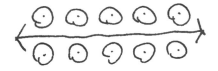

b.「陣」：規矩排列的樹陣，可以清楚界定空間，形成邊界。在活動上，類似大頂蓋的半戶外空間 m

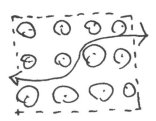

c. 「**群**」：不規則的成群排列，具有阻擋效果，也可以做為填滿綠地的工具。

d. 「**獨**」:空間中的地標,成為視覺重點。

TITLE 7-2
利用分區，
產生鋪面系統圖

利用格線產生鋪面，便指示了內外、主次空間，
以及活動路徑和空間相對位置；要記得格線的疏密與交錯方式，
指示了移動感，而不僅是平面的複雜線條。

景觀鋪面系統操作

說明

以下的操作方式，是要清楚定義出各個開放空間的基本鋪面架構。完成基礎鋪面架構後，再利用案例進一步內化景觀鋪面的質感和品質。

正式操作前的「切配置」，應完成的目標和內容：

❶ 一樓的室內實量體。

❷ 二樓以上量體的虛線框架。

❸ 被「切配置」後的開放空間區塊，皆有清楚的定義與屬性。

❹ 基地內外的實量體或參考線，都被確實延伸至基地邊界，產生獨立的開放空間區塊（範圍）。

開始
操作

❶ 設定人群進入基地的來源與方向。

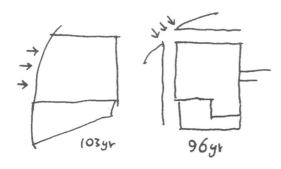

103yr   96yr

❷ 在基地內，以平行人群來源與方向，繪 1cm 寬的平行線。

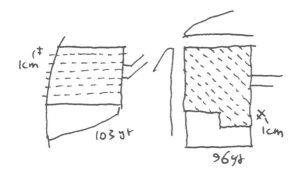

103yr   96yr

NOTE

操作注意事項

a. 學習如何用 HB 鉛筆畫出不同濃度的鉛筆線，尤其是在繪鋪面系統線時，更需要明確表現出鋪面線的「淡」線效果。

b. 若人群來源方向為斜後，可以用 45° 斜平行線處理即可，避免造成畫圖困擾。

❸ 人潮引導用鋪面繪製。

找出和入口開放空間有相連的開放空間，這些相連區域共用一種鋪面系統，統一稱此鋪面系統分割線為「人潮引導用鋪面」。此「人潮引導用鋪面」，沿用上一步驟的「1cm」寬平行線即可。

此區域的鋪面線具有入口暗示效果，希望可以讓閱圖者看出設計者對入口的定義。找出相連的相關空間，是為了強化基地內入口開放空間，與基地外的相關區域或連結效果。

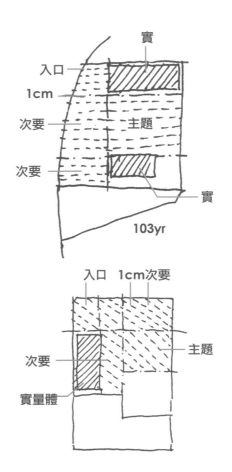

❹ 主題開放空間用鋪面。

「切配置」裡找出來的正方形「主題開放空間」，加入垂直於「人潮引導鋪面」的「1cm」平行線。利用正交的格線區隔其它區域，並強調此範圍的重要性。

❺ 其它開放空間用鋪面。

延續前兩類鋪面線，將最後未填入鋪面格線的空間，填入 0.5cm×0.5cm 的正交格線。由於此區域格線較為密集，視覺上會產生終點或邊界的效果。

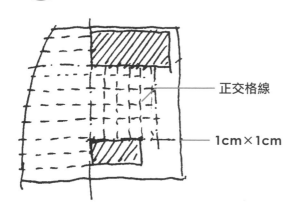

圖例
103年

正交格線

1cm×1cm

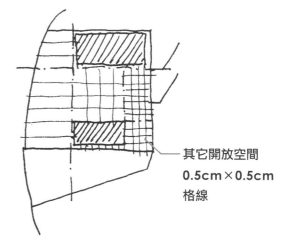

其它開放空間
0.5cm×0.5cm
格線

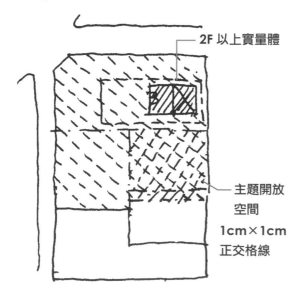

圖例
96年

2F 以上實量體

主題開放
空間
1cm×1cm
正交格線

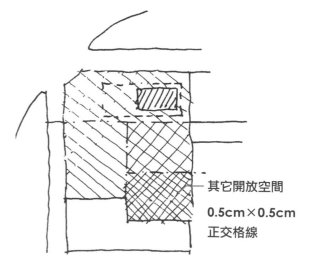

其它開放空間
0.5cm×0.5cm
正交格線

❻ 加入一號景觀元素「木平台」

木平台的功能：

a. 成為某個空間的邊緣。

b. 包圍某個東西，強化被包圍者的存在感。

c. 最重要的是→它是人的路徑，可以串連不同地方。

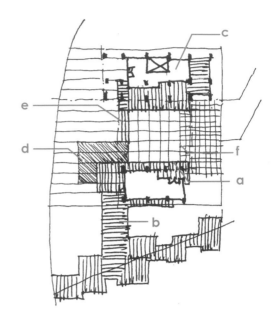

如何畫木平台：

a. 想像木平台高出路面 15cm。

b. 木平台的範圍，必須參考前三個步驟產生的鋪面參考線繪製。

c. 找出必須相連的點，直接畫出路徑，路徑寬度需考慮該路徑的性質。

- 快速通過 ➞ 2～4m
- 悠閒通過 ➞ 4～6m
- 康莊大道 ➞ 6～8m

❼ 檢查主題開放空間是否有被明確圍封

檢查原先設定做為主題開放空間的範圍（1cm×1cm 的正交方格區域），是否可以利用景觀元素、虛量體或植栽，強化圍封的效果。可以加強邊界感的工具有：

- 水池
- 五個虛量體
- 成排的植栽
- 木平台
- 路徑
- 轉換的鋪面

a. 利用鋪面系統分割線做為木平台描繪的底稿，使木平台的邊緣與鋪面格子系統合為一體；可避免相關景觀元素出現不融合或不協調的畫面問題。

b. 利用木平台的路徑效果，連接基地內外需要被連接的空間。

c. 利用木平台密集的線條效果，包圍重要的空間或物體，凸顯該空間。

d. 利用「水池」產生圍封主題開放空間的邊界，並且界定具有安靜要求的範圍。

e. 檢查主題開放空間是否明確圍封。

f. 單純保留不同的鋪面系統，表現不同區域，並強化主題開放空間的範圍。

變化形

前面步驟定義出來的空間範圍、鋪面形式、邊界形狀，都是系統性的圖面符號；應該透過觀察案例來擴充景觀設計的豐富性，不需要被格子系統限制。

變化形説明

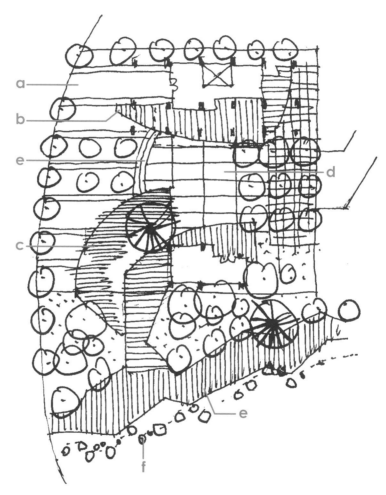

a. 改變「入口引導」鋪面的寬窄邊化，產生視覺樂趣。

b. 改變木平台形狀，強化入口效果。

c. 改變水池形狀，強化水池的邊界感。

d. 改變主題開放空間方格比例，加強基地左右兩側的連續感。

e. 改變階梯形狀，增加迎接人潮的效果。

f. 加入有天然水岸效果的邊界線。

* 可以透過案例分析，再擴充一次造形的元素。

CHAPTER EIGHT

建築師的腦袋是強大的 3D 軟體

畫透視，
用透視圖感性呈現所有理性分析

五大虛量體

相較於實量體的界限明確,能夠轉換室內外空間的虛量體,
就成了中介空間的基本型式,可以好好運用五種虛量體。
至於要怎麼轉得漂亮則沒有一定手法,平時可以多多觀摩案例。

設計中的五個虛量體

Q:**虛量體是什麼?**
A:實量體是被具體結構體包圍的室內
空間。虛量體則是被不同物體包圍或界
定的戶外/半戶外空間;利用這些包圍
或界定的手法,突顯開放空間的品質。

Q:**虛量體類型有哪些?**
A:虛量體有五種

❶ 大頂蓋—可遮陽、避雨且可透視
的非封閉框架頂棚

* 大頂蓋的廣場,直接用可遮陽或遮雨
的頂蓋,圈出開放空間中,主要提供
群體活動的範圍。

❷ 簷廊—有頂蓋的走廊

❸ 階梯廣場—具有高低差的開放空間，此開放空間具有展演性質，階梯則成為欣賞表演的座椅。

❹ 下凹的地下廣場—將人群引導至地下層

❺ 抬高的平台—空中廣場，將人群引導至較高樓層。

⟶ 延伸變化：

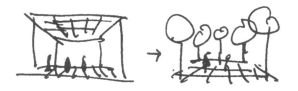

人造物的頂蓋→樹冠、樹陣圍塑的頂蓋

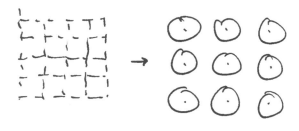

有頂蓋的走廊，強化空間與空間串聯的路徑

TITLE 8-2 新舊建築的結合

老房子與五大虛量體，目標是保留美好的老屋形體

1 加入元素：大頂蓋

加法 A

加法 B

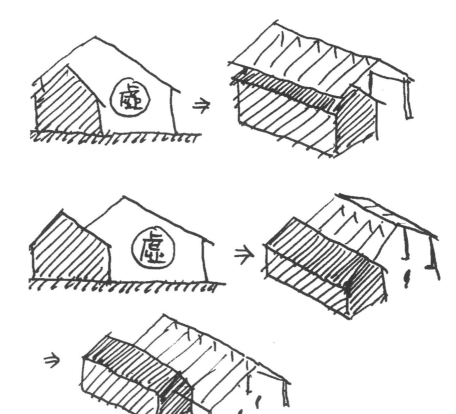

加法 C

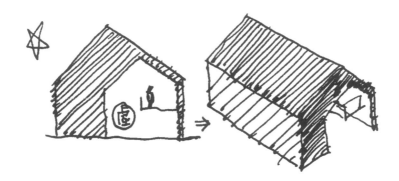

加法 D

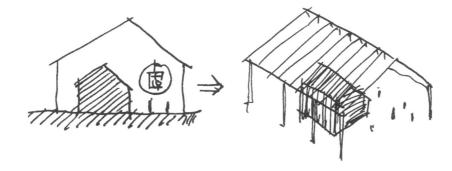

2 加入元素：有屋頂的廊道

加法 A

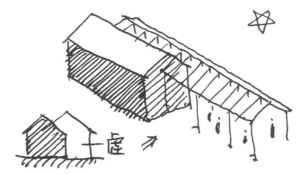

加法 B

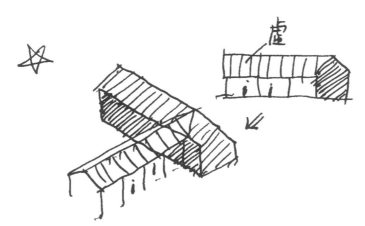

加法 C

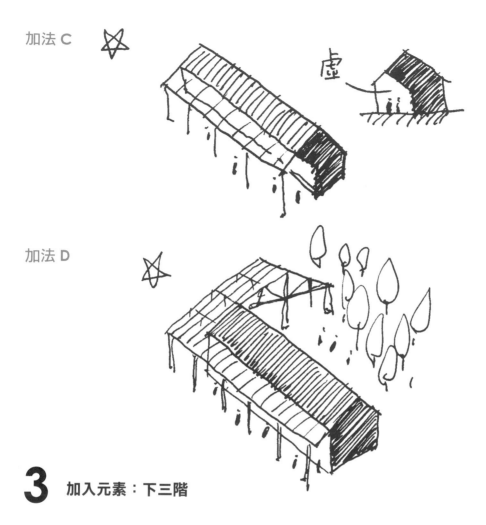

虛

加法 D

3 加入元素：下三階

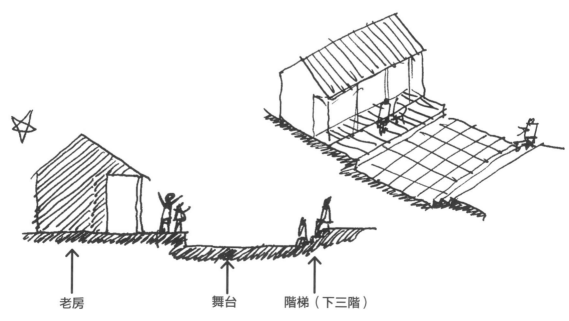

老房　　　　舞台　　　階梯（下三階）

4 加入元素：高空平台

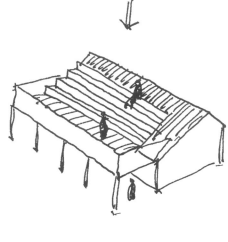

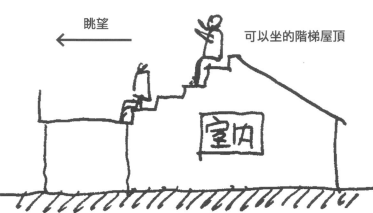

眺望

可以坐的階梯屋頂

室內

5 加入元素：地下室陽光廣場

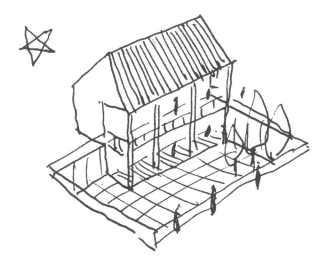

原有老屋範圍

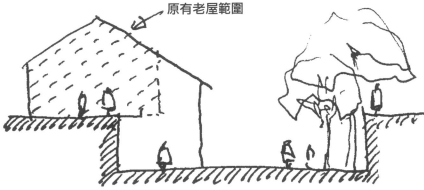

懶人設計思考：
透視與造型的操作

都説是懶人了，就代表基本能動的元素都整理出來了，
很快可以運用產生變化形；也因為很好運用，
所以考試時不要因此揮灑得太盡興，
畫個陽台也力求間間對準得分毫不差，還是以把握時間為主要考量。

1 拆解量體

和切配置一樣，立面是一個站起來
的基地，也可以利用比例切割的手法，
找出整體立面中重要與不重要的部份。
並搭配分割線，產生不同量體感的修飾
效果。

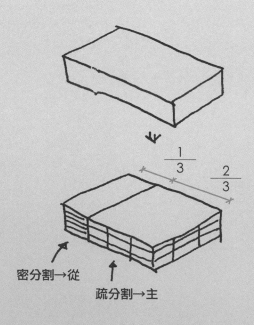

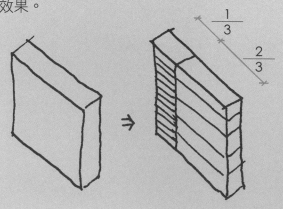

密分割→從

疏分割→主

根據此比例原則，理論上量體的切
割不應該將建築從中對分，變成對稱的
量體。

2 錯動量體

　　在掌握了量體的比例切割方式，與立面分割線的視覺補強效果後，可以利用錯動（水平或垂直）的操作手法，再次強化量體的立體感。

另一組水平錯動後，再垂直錯動

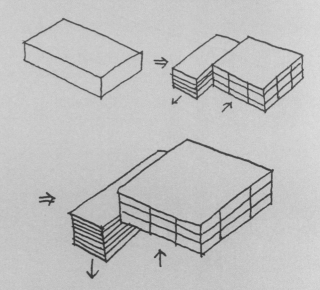

水平錯動

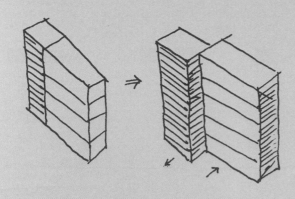

3 疊合量體

　　量體錯動結束後，可利用疊合的手法，使量體與量體之間產生結構的力學感覺。

水平錯動後，也可以再加入垂直錯動

垂直錯動

疊合

疊合

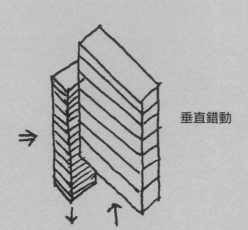

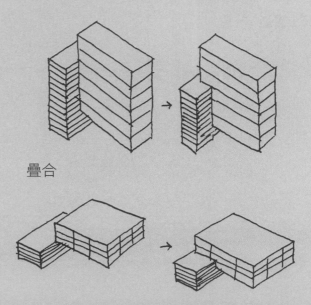

找出中高樓層裡的有趣空間

除了地面層要有趣外，立面也可以產生
一些有趣的空間，加強透視圖的視覺張
力。

加入有趣的小零件

❶ 陽台與小樹
❷ 屋頂造形拆板
❸ 外伸的平台
❹ 弧線帷幕牆
❺ 沒有意義的圓柱

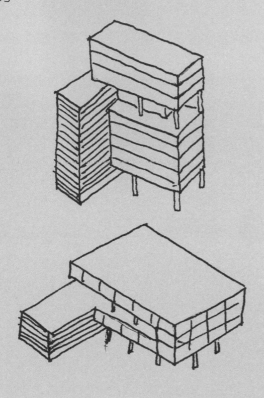

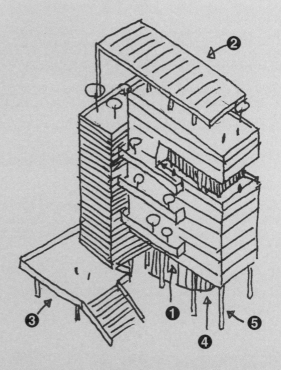

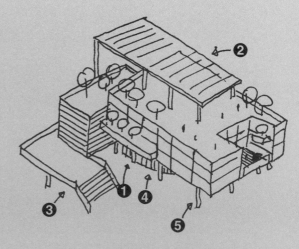

畫透視時應注意事項

❶ 建築規模設定時的陽春量體，應該是
　地面層以上的標準層；這樣的思考方
　式，可以讓透視圖在地面層的部份比
　較靈活。

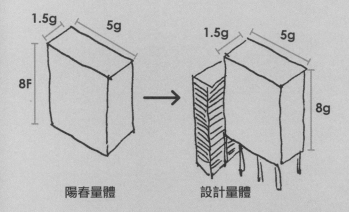

陽春量體　　　　　設計量體

❷ 高樓層或高空平台，應加繪扶手，顯
　示可供戶外使用，且可以增加圖畫的
　細緻度。

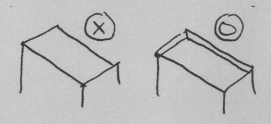

　以隨性的分割線，取代等分的樓層
線，相關的開窗與陽臺，沿著分割線繪
製；可增加圖畫完整度，並提升速度。

> 住宅建築要以陽台做為象徵符號，避免被
> 說像辦公室。繪製時請錯落設置，可避免
> 為了要求整齊而耽誤繪圖時間。

ARCHITECTURE
MASTER CLASS
SPATIAL THINKING

CHAPTER NINE

最終成果

階段練習實作

定義基地影響範圍，找出重要與次要範圍

示範題目：105年建築設計

1 尋找星星——找出基地的最重要邊界

How to find：

前面文字分析中，任何跟「核心區」有關的環境關鍵字或議題關鍵字，這些關鍵字決定了基地最重要的邊界。本題的文字分析內容中，和核心區有關的關鍵字如下。

「分析 b」指出基地周圍有老舊集合住宅，在基地內部留設一個主題 O.S.，來面對住宅區老舊建築的問題。從這裡可以判斷該地面鄰近最多老舊住宅的邊界，可以成為基地的最重要邊界。從基地現況圖判讀，北邊地界有很多低矮舊的老房子「極度需要被關心」。

分析 a. 人口城市化 ➡ 議題類

核心區 ❯ 主題 O.S. ❯ 城市填充 ❯ 加入有機的生活空間

分析 b. 周圍老舊集合住宅 ➡ 環境類

核心區 ❯ 主題 O.S ❯ 呼應老舊住宅區

★ 結論：北邊地界是最重要的邊界。

2 化整為零
—— **將不規則的基地，變成簡單的矩形**

reason：

　　在沒有單純的基地的情況下，將基地各角落以正交線條連接，產生一個簡單的矩形。這個矩形可以界定建築基地和對環境的影響範圍，也可以往基地內部設定重要與不重要的範圍。

practice：

a. 將各個角落以正交線段連接在一起。
b. 連接各點的線段，圍成一個長軸為南北向的矩形。

3 找出基地中
「重要」與「不重要」的區域。

　　任何基地都有正面和背面，但由於建築師在設計世界中的責任，是讓社會更美好，我們必須修正一下這個說法。我會改說：**每個基地都有兩個區域，就是對環境影響較大的區域與影響環境較小的區域。**

practice：

a. 垂直最重要邊界的方向，三等分基地。
b. 靠近星星（最重要邊界）的 $\frac{2}{3}$，可設為「影響環境較大的區域」（重要 $\frac{2}{3}$ 區）。
c. 離重要邊界較遠的 $\frac{1}{3}$ 區域，設定為「影響環境較小的區域」（不重要 $\frac{1}{3}$ 區）。

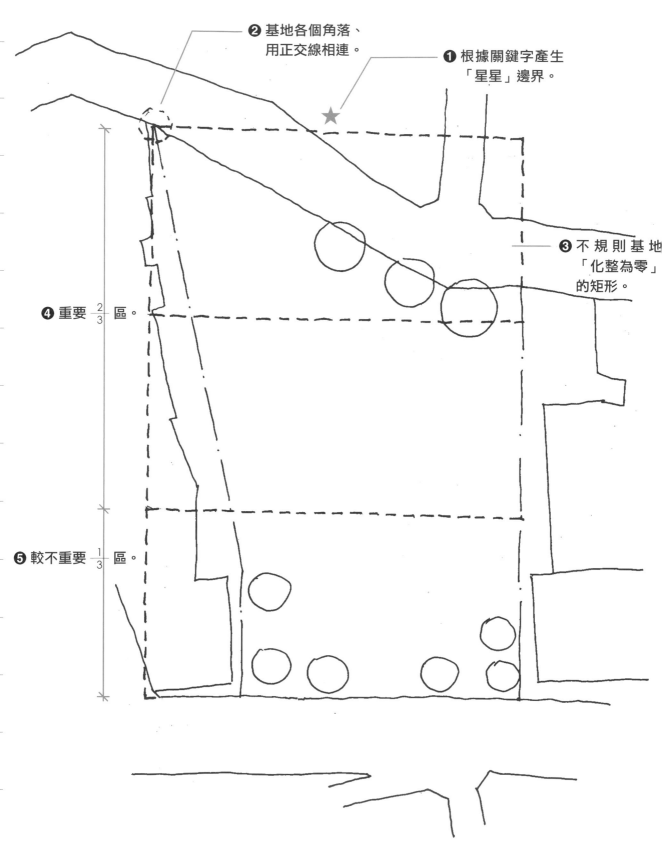

❷ 基地各個角落、
用正交線相連。

❶ 根據關鍵字產生
「星星」邊界。

❸ 不規則基地
「化整為零」
的矩形。

❹ 重要 $\frac{2}{3}$ 區。

❺ 較不重要 $\frac{1}{3}$ 區。

TITLE 9-2 找出 核、動、靜區域

1 找核心區──找出基地內的核心區域

How to find：

在前一步驟中，分出了大範圍矩形的重要與較不重要區域，分別佔基地的 $\frac{2}{3}$ 與 $\frac{1}{3}$ 的範圍。在 $\frac{2}{3}$ 重要區與基地內的交集範圍內，找出能產生最大面積的正方形。

可以先找出交集範圍內的最大邊界，做為正方形的其中一個邊界。確認短邊後，即可依據此短邊決定正方形的範圍和大小。

有了這個正方形後，還要再判斷一次正方形在重要 $\frac{2}{3}$ 區域裡的位置，通常我們會讓這個正方形，貼著基地的第二重要邊界；此時就算是對稱的基地，也能定義出基地中不同範圍的不同重要性。

2 設定動、靜態區域──設定核心區以外的區域

動態區

基地裡的某個區域因為周圍某些條件，而有較豐富的人群與活動，便定義此區域為「動態區」。

靜態區

基地裡的某個區域因為周圍某些條件，而沒有較為豐富的人群與活動，便稱該區域為「靜態區」（基地其它區域則為「相對動態」）。

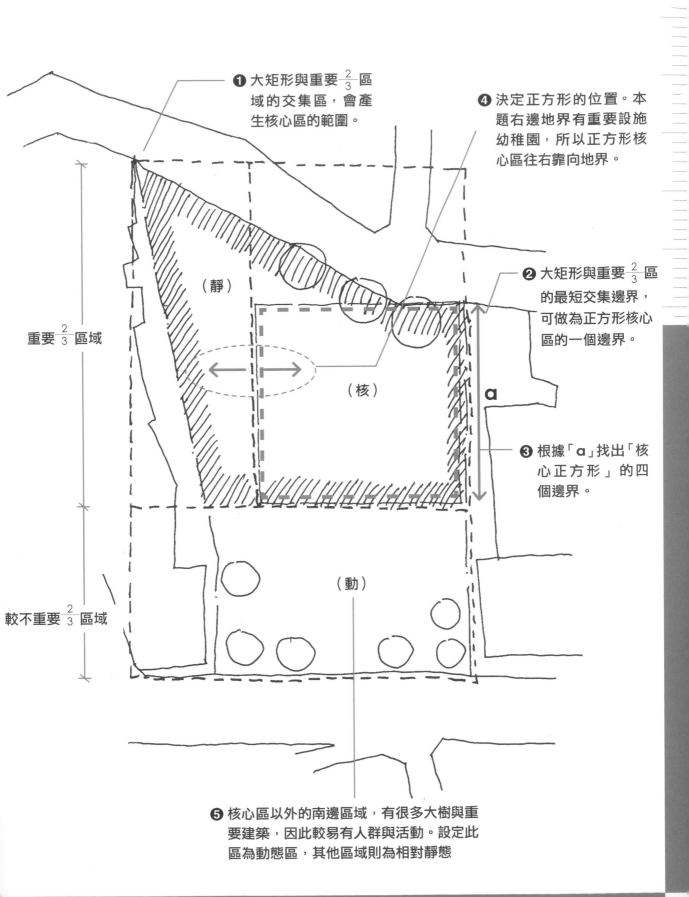

❶ 大矩形與重要 $\frac{2}{3}$ 區域的交集區,會產生核心區的範圍。

❹ 決定正方形的位置。本題右邊地界有重要設施幼稚園,所以正方形核心區往右靠向地界。

❷ 大矩形與重要 $\frac{2}{3}$ 區的最短交集邊界,可做為正方形核心區的一個邊界。

❸ 根據「a」找出「核心正方形」的四個邊界。

重要 $\frac{2}{3}$ 區域

較不重要 $\frac{2}{3}$ 區域

（靜）

（核）

（動）

a

❺ 核心區以外的南邊區域,有很多大樹與重要建築,因此較易有人群與活動。設定此區為動態區,其他區域則為相對靜態

設定基地中的
主要入口和停車入口

1 為每個地界設定 人群進入基地的方法

三種進入基地的方法

a. 很多人同時持續進入

通常發生在大馬路口，或是要公共運輸
工具的地點。

符號：

b. 人群三三兩兩地進入基地

通常發生在帶狀步行空間周圍，如：窄
巷、綠帶。

符號：

c. 因為特定目的才進入基地， 甚至沒啥人進入

就已經沒人進入了，不會遇到「時常」
需要進入的機會。

符號： ○○○○○▷

2 可以做為 入口區的狀況

a. 有大箭頭的地方

代表你得暢開基地大門，歡迎人群進入。

b. 兩個以上方向的「一堆小箭頭」交 會在一處

代表人群會經過這個交會點，為了集合
人群就必須設一個口袋般的廣場空間。

c. 只有一組「一堆小箭頭」，垂直穿 越地界

可以形成帶狀的步行廣場，希望行人經
過可以順便進入基地逛逛。

> ★ 結論：基地南北都有大箭頭，因此
> 需設置兩個入口區。

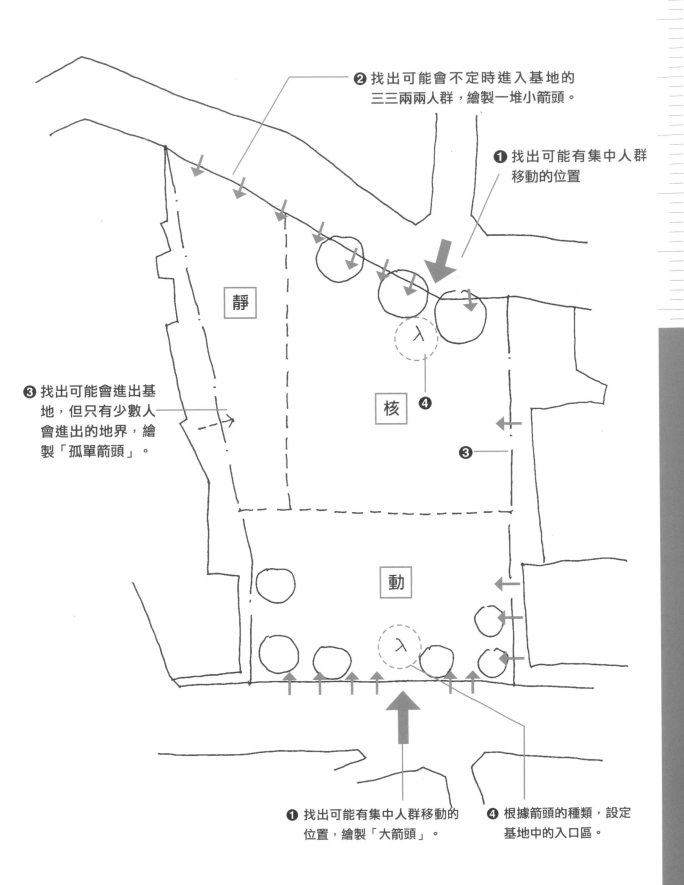

❷ 找出可能會不定時進入基地的
三三兩兩人群，繪製一堆小箭頭。

❶ 找出可能有集中人群
移動的位置

靜

核

❹

❸ 找出可能會進出基
地，但只有少數人
會進出的地界，繪
製「孤單箭頭」。

❸

動

λ

❶ 找出可能有集中人群移動的
位置，繪製「大箭頭」。

❹ 根據箭頭的種類，設定
基地中的入口區。

3 三種路寬，三種意義

a. 路寬 < 8m（慢速車流）

在我小時候，那個車子還是奢侈品的時代，8m 路是串聯城市內各個空間的主要路徑；也就是說，這種路寬是設計來給人走的，不是給車走的。到了今天四處充滿汽車，8m 路的兩側變成 1F 老屋的現成停車位，車難過人難走。我們面對這種現況，就是退縮基地的建築線，多留點空地，形成開放空間。

> ★ 注意：這種路寬不能設置停車出入口。

b. 路寬 8 ～ 15m（中速車流）

這種路徑曾進是城市裡的主要道路，道路兩旁通常有人行步道或騎樓，來緩衝交通工具和使用者的對立關係。加上這種路寬為了確保行人步行安全，通常設有紅綠燈、斑馬線等等交通管制工具。

> ★ 注意：這種允許車輛通過，也得禮讓行人的道路，最適合設置停車空間的出入口。

C. 路寬 >15m（快速車流）

這種道路通常是用來連結城市與城市間的主要道路，特性是車速高的城鄉穿越性強，不適合人行穿越。

> ★ 注意：在這種道路兩側的建築基地，通常會檢視停車出入口是否影響原有道路的車流。在這種路上留停車出入口是會被質疑的，除非只剩這條路可以選擇。

4 停車與基地內不同區域的關係

a. 停車與核心區

就算是停車場設計，核心區也絕對不會有停車場的入口。

b. 停車與動態區

動態區內希望有很多有趣的活動與使用，也不能設停車場與入口。

c. 停車與靜態區

靜態區專門用來放「很實際」的東西。因此適合設置停車空間和出入口。

5 停車與動靜區的組合

a. 不佳組合

❶ 慢速車流道路 + 動態區
❷ 慢速車流道路 + 核心區

b. 勉強組合

❶ 快速車流道路 + 靜態區
❷ 中速車流道路 + 動態區

c. 最佳組合

❶ 中速車流道路 + 靜態區

★ 結論：本題北邊有 12m 道路，和無聊沒活動的靜態區，適合將停車場出入口設置在西北角。

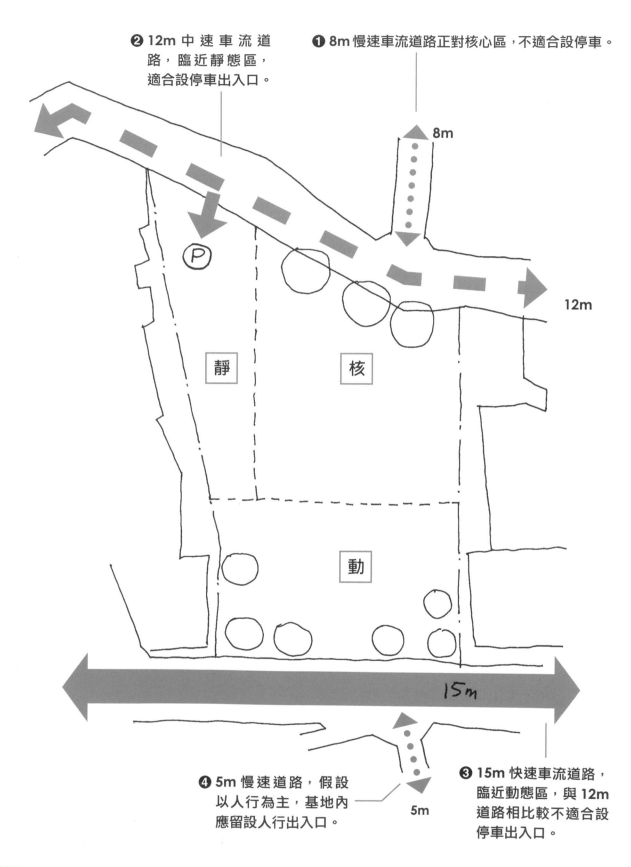

❷ 12m 中速車流道路，臨近靜態區，適合設停車出入口。

❶ 8m 慢速車流道路正對核心區，不適合設停車。

8m

12m

P

靜　核

動

15m

❹ 5m 慢速道路，假設以人行為主，基地內應留設人行出入口。

5m

❸ 15m 快速車流道路，臨近動態區，與 12m 道路相比較不適合設停車出入口。

TITLE 9-4 畫格子——用鋪面表現空間領域與性質

❶ 正交格子（大格子）

↳ 停留、聚集、強調。

↳ 適合被用在很正面、很有活動感的空間。

↳ 搭配區域：核心區。

❷ 平等線（寬距）

↳ 流動、有方向感、漫步。

↳ 適合用在具有招攬人群意義的區域，希望基地外的人，被這些平行線段引入基地內的活動區域。

↳ 搭配區域：入口區、帶狀沿街步道。

❸ 正交格子（小格子）

↳ 邊緣、端點、邊界。

↳ 適合用在次要開放空間，可以襯托核心區的視覺效果。

↳ 搭配區域：次要開放空間，沒有鄰道路的區域。

❹ 平行線（窄間距）

↳ 邊緣、方向性。

↳ 和小正交格子一樣，有邊界、邊緣的感覺，但多了方向性。

↳ 搭配區域：面臨道路的次要開放空間。

❺ 流程

↳ 根據區域的重要性，依次填入不同的鋪面格線。

↳ 核心區 ⟶ 入口區 ⟶ 動態區 ⟶ 靜態區。

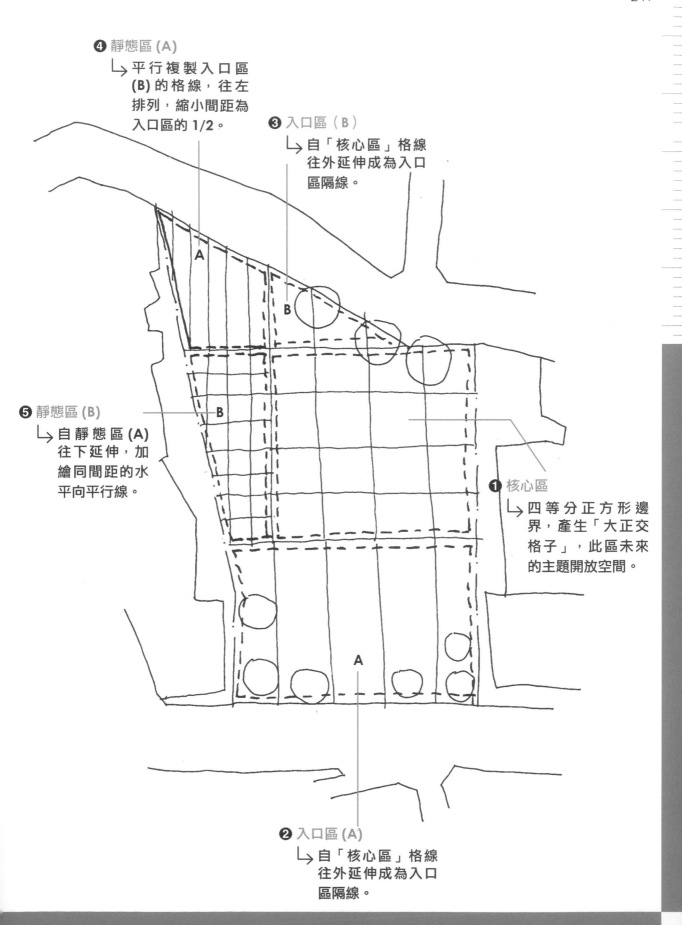

❹ 靜態區 (A)
↳ 平行複製入口區
(B) 的格線，往左
排列，縮小間距為
入口區的 1/2。

❸ 入口區（B）
↳ 自「核心區」格線
往外延伸成為入口
區隔線。

❺ 靜態區 (B)
↳ 自靜態區 (A)
往下延伸，加
繪同間距的水
平向平行線。

❶ 核心區
↳ 四等分正方形邊
界，產生「大正交
格子」，此區未來
的主題開放空間。

❷ 入口區 (A)
↳ 自「核心區」格線
往外延伸成為入口
區隔線。

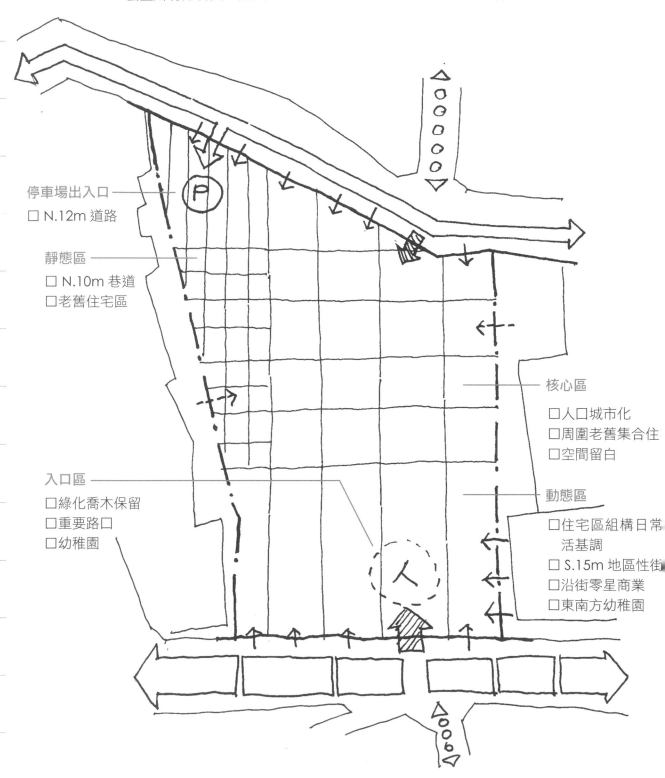

範例 基地環境分析

套疊所有分析圖，加入文字分析結果，形成完整基地環境分析。

停車場出入口
□ N.12m 道路

靜態區
□ N.10m 巷道
□老舊住宅區

入口區
□綠化喬木保留
□重要路口
□幼稚園

核心區
□人口城市化
□周圍老舊集合住
□空間留白

動態區
□住宅區組構日常
　活基調
□ S.15m 地區性街
□沿街零星商業
□東南方幼稚園

P

人

242

TITLE 9-5 設定建築量體

1 決定樓地板面積

樓地板面積 = 基地面積 × 容積率
本題基地範圍內有 $\frac{1}{4}$ 為公園用地，因此

基地為面積為：
$5680m^2 \times \frac{3}{4} = 4260m^2$

樓地板面積為：
$4260m^2 \times$ （90%~100%）
$= 3834m^2$（取 90%，為縮小建築量體）

換算空間格單位為：
每一空間格單位為 $64m^2$
$1 g = 64m^2$
$3834m^2 / 64m^2 ≒ 59.9 = 60 g$

2 設定建築高度

　　為使新建築與周圍城市景觀和諧一致，通常會將樓層數與周圍環境設定為類似高度。例如周圍是 4、5 層老舊公寓，因為建築面積減少，高度可以向上多個 2 至 3 層，成為 7 層中左右的新建築。

四種高度類型：
❶ 鄉村：1 ～ 3F
❷ 城市邊緣：4 ～ 7F
❸ 城市裡：8 ～ 15F
❹ 高度發展的城市：15F ↑

★ 假如：基地周圍建築高度是 4F 公寓，則新建築最好低於 7F。本範例題目的基地周圍以 2~7F 老屋為主，因此本設計建築高度可設定最高為 7F。

3 用建築面積，測試出適當的樓層數

這個世界有兩種建蔽率在控制建築面積，一個是法律規定的上限建蔽率，一個是可以創造美好設計的美好建蔽率（30%）。法律規定的上限建蔽率通常不會有好設計，我們可以用美好建蔽率來做為測試樓層數的第一個方法。

示範：

a. 本題基地面積（扣掉公園用地）為 3834m²。

3834m²×30%=1150.2m²

換算空間格為

1150.2m²÷64m²=17.97 g ≒ 18g

b. $\dfrac{樓地板面積}{建築面積}$ = 樓層數

$\dfrac{60\,g}{18\,g}$ ≒ 3.5F < 4F…ok

4 推測可能標準層室形，測試樓層數設定是否適當

除了有美好的 30% 建蔽率做為保障，是做出美好設計的標準外，還有另一個重要參考——主要建築物長邊邊長，最好小於基地邊長的。

示範：

a. 30% 美好建蔽率下的標準層大小，約為 18 g

可能的組合方式有：
方案（一）2 g×9 g ≒ 18g
方案（二）2.5 g×7 g ≒ 18g
方案（三）3 g×6 g=18g

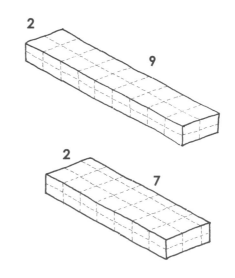

b. 基地某邊長 82m（≒ 10 g）的 $\dfrac{2}{3}$ 長度約為 7 g。

且 2.5g 可以產生無暗室的平面，因此決定 2.5g×7g 為主要量體。通過方案二，此方案滿足高度與建蔽率要求。

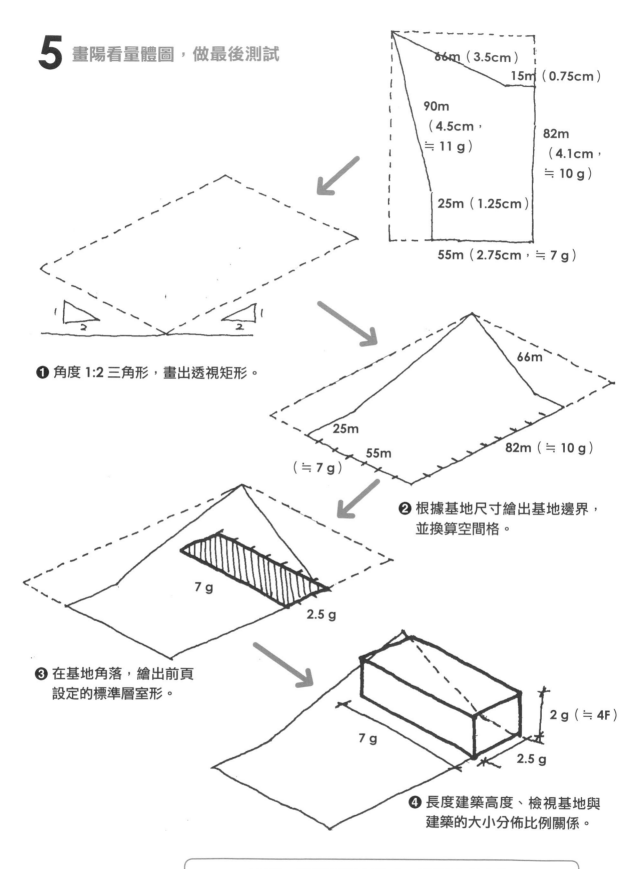

5 畫陽看量體圖，做最後測試

66m（3.5cm）

15m（0.75cm）

90m
（4.5cm，
≒ 11 g）

82m
（4.1cm，
≒ 10 g）

25m（1.25cm）

55m（2.75cm，≒ 7 g）

❶ 角度 1:2 三角形，畫出透視矩形。

66m

25m

82m（≒ 10 g）

55m

（≒ 7 g）

❷ 根據基地尺寸繪出基地邊界，
並換算空間格。

7 g

2.5 g

❸ 在基地角落，繪出前頁
設定的標準層室形。

2 g（≒ 4F）

7 g

2.5 g

❹ 長度建築高度、檢視基地與
建築的大小分佈比例關係。

★結論：建築量體無壓迫感，且開放空間完整。

6 設定各別空間屬性

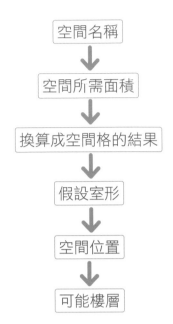

空間名稱 → 空間所需面積 → 換算成空間格的結果 → 假設室形 → 空間位置 → 可能樓層

a. 空間名稱

除了題目中的指定空間外，有時候會有額外的「+1 空間」。這個空間是用來處理題目可能的隱性使用者或隱藏用途。

b. 空間所需的面積

❶ 有的題目會清楚說明每個空間各自需多少面積，這種好處理，照抄就好。

❷ 有的題目跟你講這些空間會有多少人使用，請找前面的說明，用人數推斷空間的面積需求。

❸ 有的題目叫你自己設定，請用樓層數當分母、空間當分子，依空間的重要性再按比例分類，最後決定空間量。

c. 換算成空間格

上一個步驟設定好空間的面積需求，這步驟以 8m×8m 的空間格單元，反推空間的可能大小。

d. 假設室形

將前面的空間格數，轉換成有長、寬尺度關係的泡泡平面。

e. 空間位置

在文字分析的階段，我們幫所有議題關鍵字設定了相對應的空間名稱，也因為這個議題關鍵字，指出這個空間可能在基地的什麼位置（動、靜、核、入、車）。

f. 可能樓層

和地面層活動的關係程度，決定空間的可能所在樓層。和主題開放空間息息相關的空間，當然會放在一樓；跟入口和主題關係薄弱的空間，就會被設置在較高的樓層。

有時某個空間跟地面層活動關係強烈，但因為跨距、結構系統的問題，不適合放在一樓，那可能就會被設定在 2 樓與地下一樓，利用大樓梯和空中廣場來連接。

★結論：樓層有三種地下室，「1F、2F」和 3F 以上。

g. 範例

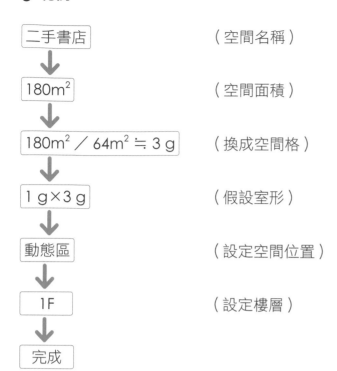

二手書店　　　　　　　　（空間名稱）

↓

180m² 　　　　　　　　　（空間面積）

↓

180m² ／ 64m² ≒ 3 g 　　（換成空間格）

↓

1 g×3 g 　　　　　　　　（假設室形）

↓

動態區 　　　　　　　　　（設定空間位置）

↓

1F 　　　　　　　　　　　（設定樓層）

↓

完成

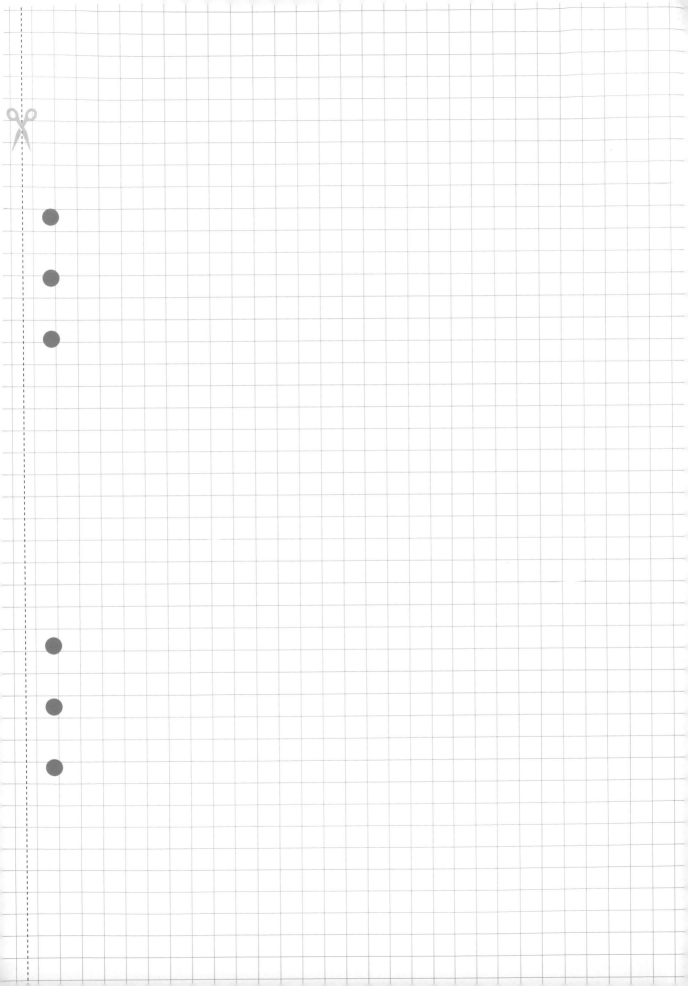

◪ 量体的空間計劃

- 基地面積:
  $$5680\,m^2 \times \frac{3}{4} = 4260\,m^2$$
  ($\frac{1}{4}$ 公園用地不計入)

- 樓地板面積:
  $$4260\,m^2 \times 90\% = 3834\,m^2$$
  (容積率以90%計)

- 換算空間格單元:
  $$3834\,m^2 / 64\,m^2 \approx 60\,unit$$

- 假設樓層數:
  4~7F

- 建蔽面計設定
  $$3834\,m^2 \times 30\% = 1150.2\,m^2$$
  (建蔽率設定為30%, 期能留設適足開放空間回饋社区)
  換算空間格單元 $1150.2/64 \approx 18\,unit$

- 以建築面積反求可能樓層數:
  $$\frac{60\,unit}{18\,unit} \approx 3.5F \cdots OK$$
  (<4F)

- 設定標準層室形
  (建築量体長寬均與基地邊界樓討)
  $18\,unit \rightarrow 2 \times 9 \cdots \times$
  $\rightarrow 2.5 \times 7 \cdots ok$
  ($\because 7\,unit < 10\,unit \times \frac{2}{3}$)
  本題建築標準層幅設定為 $2.5\,unit \times 7\,unit$
  可以有效留設開放空間, 結合周圍环境 ✕

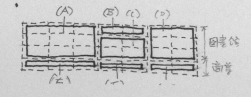

(A)　(B) (C)　(D)
(E)　(F)　 图書館 / 面贊

- 建築量体設定結論
  $2.5\,unit \times 7\,unit \times 4F$

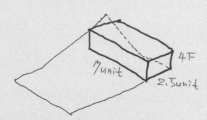

7unit
2.5unit
4F

- 各別空間設定
  ↳ 本設計空間量以比例推各空間所需面積
  图書館区佔約 70%~75%

(A) 図書閱覧空間
    ↳面積: $60 \times \frac{9}{28} \doteq 20\,unit$
    ↳室形: $2.5u \times 3u \times 3F$
    ↳靜態区
    ↳2F↑

(B) 資訊兩視聽空間
    ↳面積: $60 \times \frac{4}{28} \doteq 8u$
    ↳室形: $2.5u \times 2u \times 2F$
    ↳靜態区
    ↳2F↑

(C) 多用途集合空間
    ↳面積: $60 \times \frac{2}{28} \doteq 4u$
    ↳室形: $2.5u \times 2u$
    ↳靜態区
    ↳2F

(D) 行政服務空間
    ↳面積: $60 \times \frac{6}{28} \doteq 12u$
    ↳室形: $2.5u \times 2u \times 3F$
    ↳靜態区
    ↳2F↑

(E) 二手書店
    ↳面積: $60 \times \frac{2}{28} \doteq 4u$
    ↳室形: $2.5u \times 2u$
    ↳動態区
    ↳1F

(F) 簡餐咖啡
    ↳同(E)

(G) 超商
    ↳面積: $60 \times \frac{3}{28} \doteq 6u$
    ↳室形: $2.5u \times 3u$
    ↳動態区
    ↳1F

TITLE 9-7

泡泡圖

1 過程 ：設定基地軸線

目的

❶ 作為建築物配置時的主要發展軸線。

❷ 塑造基地周圍環境的人行系統，以符合動態的都市紋理發展。

方法

❶ 判斷入口區域在基地中的方位（本題為南方）

❷ 判斷核心區域在基地中的位置（本題為北方）

❸ 由南方入口區至北方核心區，可以說人群流動的方向為由「南方往北方」，也可以說明基地內為順應人群方向，而有南北向的軸線。

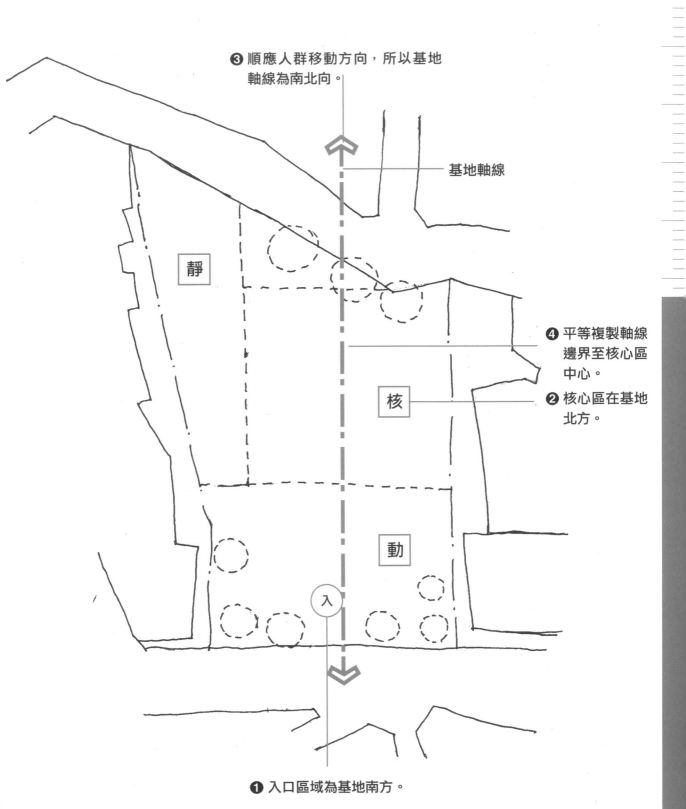

❸ 順應人群移動方向,所以基地軸線為南北向。

基地軸線

❹ 平等複製軸線邊界至核心區中心。

❷ 核心區在基地北方。

靜

核

動

入

❶ 入口區域為基地南方。

2 過程：找出絕對領域

目的

❶ 確定基地內的即存物件、不能破壞的範圍或不能介入的領域。

❷ 這個領域可以成為未來軟鋪面系統的一部份。

❸ 這個領域的邊界，可以產生基地內部的延伸線，增加建築量體在配置時的參考依據。

方法

❶ 找出基地內的即存物件，一般是植栽、老屋，有時是河流。

❷ 若是植栽，則直接以植栽圓心畫，離植栽外框線約 1m 距離，畫一個正方形。

❸ 若是老建築，則直接以建築物外框線做為絕對領域。

❹ 除了上面兩個設施，若是遇到不規則的形體，則以該形體的外框架距離約 1m 的距離，畫出正交的框架。若是規則的形體，也可以在距離該形體 1m 範圍畫正交框線。

❺ 將框線的邊界平行垂直基地的軸線。因為基地軸線是整個設計裡，鋪面與建築物的主要參考方向，因此要將這些絕對領域的方塊框線，正交對齊，平行基地的軸線。

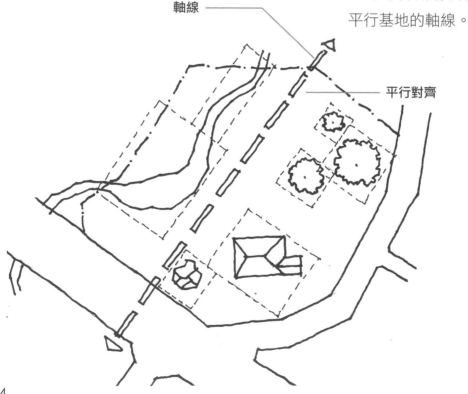

軸線

平行對齊

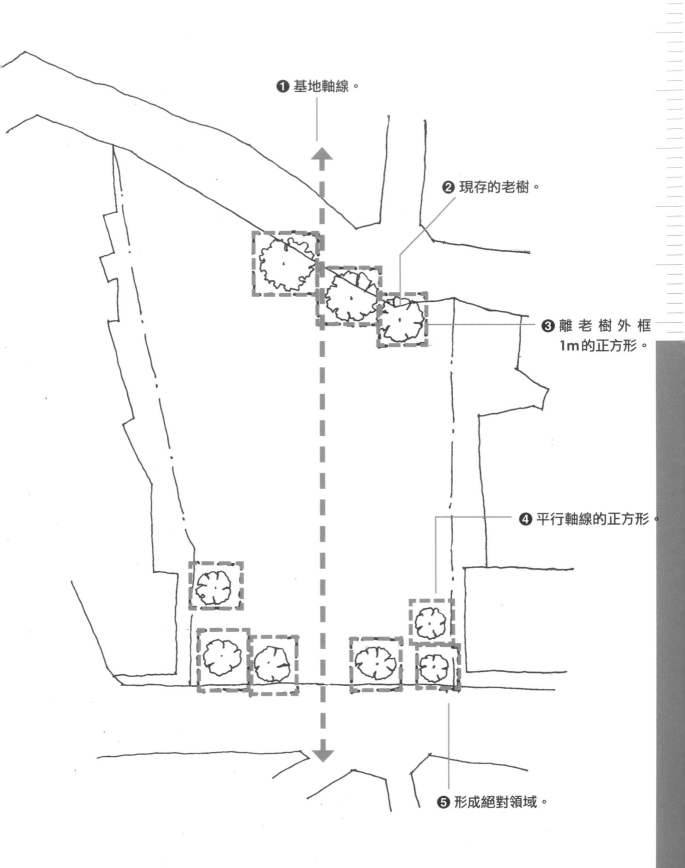

❶ 基地軸線。

❷ 現存的老樹。

❸ 離老樹外框 1m的正方形。

❹ 平行軸線的正方形。

❺ 形成絕對領域。

3 過程：基地周圍與內部的延伸線

目的

❶ 讓基地內的各個設施與周圍環境，利用幾何線條互相融合。

❷ 利用周圍環境的紋理，留設出能夠優化城市的開放空間。

方法

❶ 找出基地周圍不是平行地界線的鄰地設施，如現有屋、道路。

❷ 找出基地內被設定的絕對領域。

❸ 將這些不平行與基地地界線的「邊界」、「絕對領域」、「外框線」，往基地方向延伸，並穿越至另一側的基地地界線。

❹ 這些延伸線成為設置景觀與建築量體的參考線。

❺ 有時候，鄰地的建築物只是一種普遍存在的設施，這類設施通常不是文字會特別分析描述的對象；遇到這種鄰地設施，就不用多花心力去幫它畫延伸線了。

❻ 道路是最常有的延伸線產生物件，但會產生兩條以上的參考延伸線；請選擇其中一條較能維持完整範圍的線段，做為該條馬路對基地延伸線。

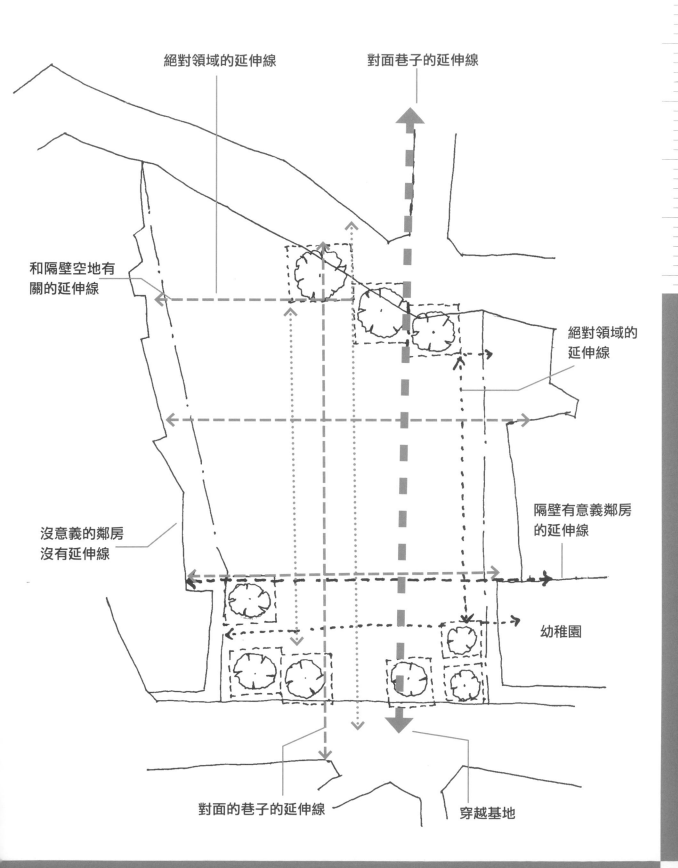

絕對領域的延伸線

對面巷子的延伸線

和隔壁空地有
關的延伸線

絕對領域的
延伸線

沒意義的鄰房
沒有延伸線

隔壁有意義鄰房
的延伸線

幼稚園

對面的巷子的延伸線

穿越基地

4 過程：利用延伸線整理出「動、靜、核、入、車」的詳細範圍

目的

❶ 基地環境分析中的五個區域，只是一個比較粗略的範圍，是為了反應出基地的不同區域性質。

❷ 利用延伸線，明確定義出這些區域範圍

方法

❶ 套疊基地環境分析產生的區域分隔線、絕對領域與基地內外的相關延伸線。

❷ 各個延伸線在不同區域內產生新的矩形，這些矩形成為新的動靜核入車區域。

❸ 擦掉多餘的延伸線，保留圍塑各區域的分隔線。

❹ 區域之間的分隔線，成為新的建築物配置參考線。

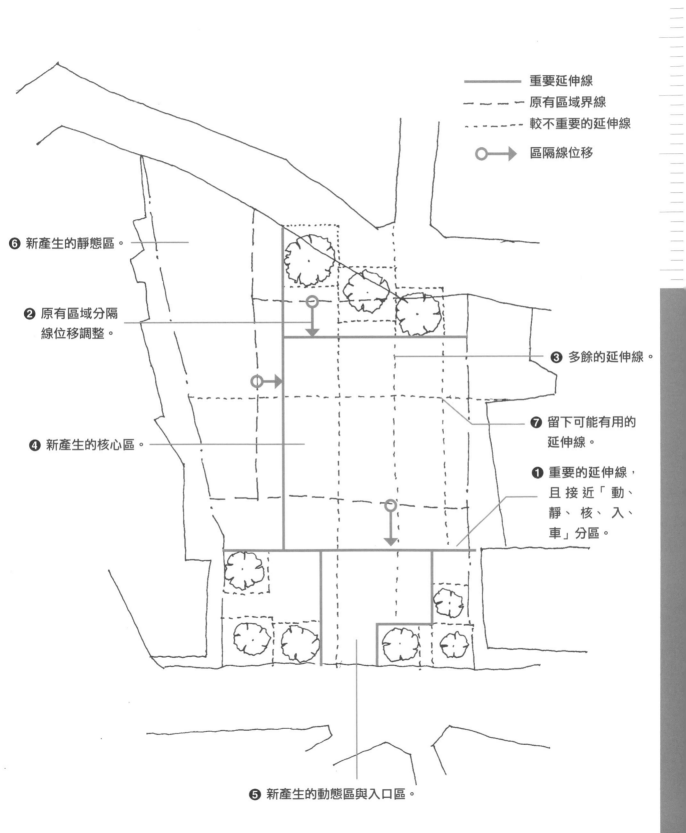

重要延伸線
原有區域界線
較不重要的延伸線
區隔線位移

❻ 新產生的靜態區。

❷ 原有區域分隔線位移調整。

❸ 多餘的延伸線。

❼ 留下可能有用的延伸線。

❶ 重要的延伸線，且接近「動、靜、核、入、車」分區。

❹ 新產生的核心區。

❺ 新產生的動態區與入口區。

5 過程：設定建築物主量體的位置——「二、一」

目的

❶ 根據文字分析的成果，將建築物標準層以上的主要量體，設置在基地中的特定區域（動、靜、核、入、車）。

❷ 讓建築物主要量體，沿著因為鄰地設施而產生的各種延伸線與設置，使建築物融入整體城市的紋理中。

方法

❶ 整理前期步驟中的延伸參考線。使動、靜、核、入、車這五個區域，經過延伸線重新定義範圍。

❷ 在基地放入一個量體方塊，這個量體方塊是量體計劃中設定出來的。這時候可以不用管建築物的位置，只是要讓眼睛和手熟悉建築物的大小。

❸ 將這個手、眼已經熟悉的量體方塊，放入文字分析中指定的區域。

❹ 主建築的長軸方向，必須平行基地軸線。

❺ 沿著核心區與被指定放建築本體區域的區域分隔線，設置建築物。

❻ 讓建築物在區域分隔線上游動，並根據空間屬性，決定建築主量體在區域分隔線上的最終位置。

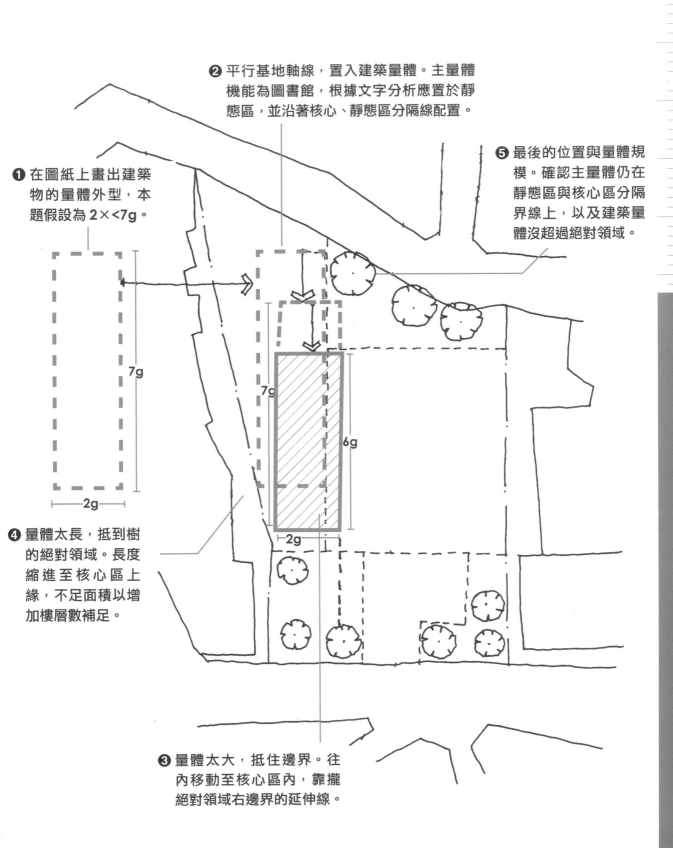

❷ 平行基地軸線，置入建築量體。主量體機能為圖書館，根據文字分析應置於靜態區，並沿著核心、靜態區分隔線配置。

❺ 最後的位置與量體規模。確認主量體仍在靜態區與核心區分隔界線上，以及建築量體沒超過絕對領域。

❶ 在圖紙上畫出建築物的量體外型，本題假設為 2×<7g。

7g

2g

7g

6g

2g

❹ 量體太長，抵到樹的絕對領域。長度縮進至核心區上緣，不足面積以增加樓層數補足。

❸ 量體太大，抵住邊界。往內移動至核心區內，靠攏絕對領域右邊界的延伸線。

6 過程：放一樓的室內空間

目的

❶ 讓多個地面層空間，與室外開放空間充分結合，使開放空間的活動獲得室內使用機能的支援。

❷ 利用配置在地面層的空間量體，圍塑出不同層次、層級的開放空間。

❸ 搭配不同的室內使用機能，將人群從入口開放空間引導至核心空間，甚至離開基地，串連到基地外部。

方法

❶ 在圖面的空白處，畫出設定過大小尺寸的空間矩形方格。

❷ 沿著核心區周圍的分隔線，配合文字分析中對應空間的樓層。

❸ 先以平行基地軸線的方式，擺設建築量體。

❹ 地面層空間的設置順序

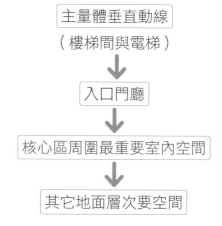

❺ 地面層空間彼此的關係。找出空間與空間之間的「正方形領域」，做為地面層主題開放空間之外的次要開放空間。

❻ 在圖面上模擬人群移動過程，思考動線、開放空間與室內使用機能是否流暢。

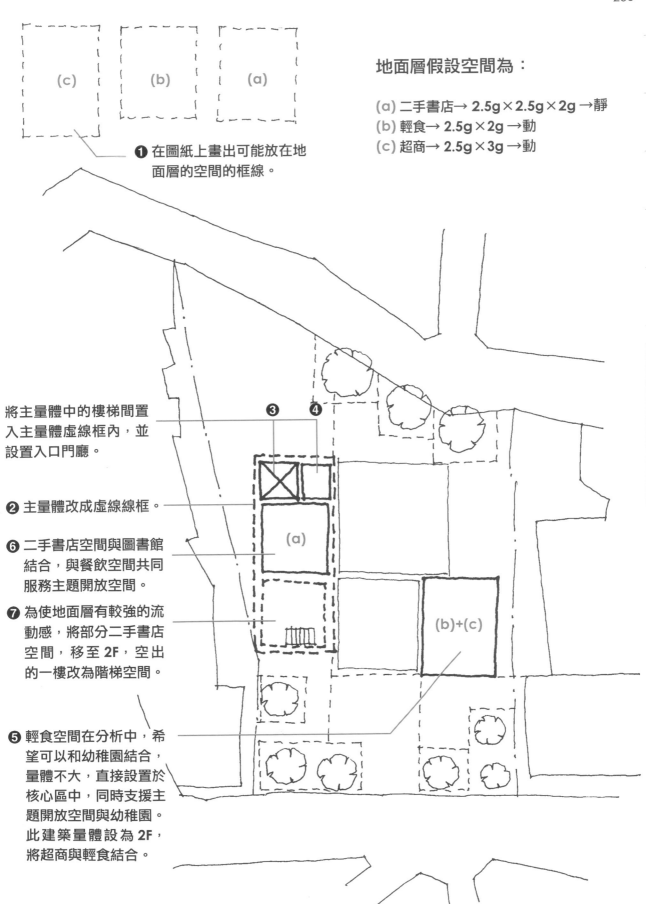

❶ 在圖紙上畫出可能放在地面層的空間的框線。

地面層假設空間為：

(a) 二手書店→ **2.5g×2.5g×2g** →靜
(b) 輕食→ **2.5g×2g** →動
(c) 超商→ **2.5g×3g** →動

將主量體中的樓梯間置入主量體虛線框內，並設置入口門廳。

❷ 主量體改成虛線線框。

❻ 二手書店空間與圖書館結合，與餐飲空間共同服務主題開放空間。

❼ 為使地面層有較強的流動感，將部分二手書店空間，移至 **2F**，空出的一樓改為階梯空間。

❺ 輕食空間在分析中，希望可以和幼稚園結合，量體不大，直接設置於核心區中，同時支援主題開放空間與幼稚園。此建築量體設為 **2F**，將超商與輕食結合。

TITLE 9-8 重新建立鋪面系統
畫配置 -1

目的

❶ 根據建築物的配置配列結果，重新對齊與分配鋪面線的分布狀態。

❷ 重新分配鋪面線，可以成為軟鋪面的分布參考線。

方法

擦掉所有參考線，依照新的建築量體，重新拉齊基地內的延伸線。

❶ 畫核心主題開放空間區域。

❷ 等分核心區：可以四等分或六等分，可以用最終品質來判斷等分的數量。

❸ 完成在核心區等分後的正交方格。

❹ 接續發展緊鄰核心區的區域。

❺ 參考人群移動方向與基地軸線，畫平行線。此平行線延續自核心區的方格線，使其產生視覺上的連續路徑效果。

❻ 延續上一個區域，找下一個可以形成連接路徑，進入核心區的區域。此區最好是入口區。

❼ 延續上一個區域平行線的方向，畫第

三個區域的平行線。線段間距為核心區正交方格的一半。至此，以利用窄間距平行線，寬間距平行線，將讀圖人的視線從入口區引導至核心區。

❽ 一個區域接著一個區域，發展各自的鋪面系統。

❾ 繪製原則

　a. 有鄰接道路的區域——平行人群移動方向，繪平行線。

　b. 未鄰接道路的區域——畫正交方格。

　c. 所有鋪面線都要延續自核心區的線段，才會有引導路線的連續視覺效果。

　d. 活動性較強的區域，線段間距同核心區。

　e. 較靜態的區域，線段間距為核心區的 $\frac{1}{2}$。

　f. 很不重要的區域，間距可以再密一倍。

1 找基地內不同正方形

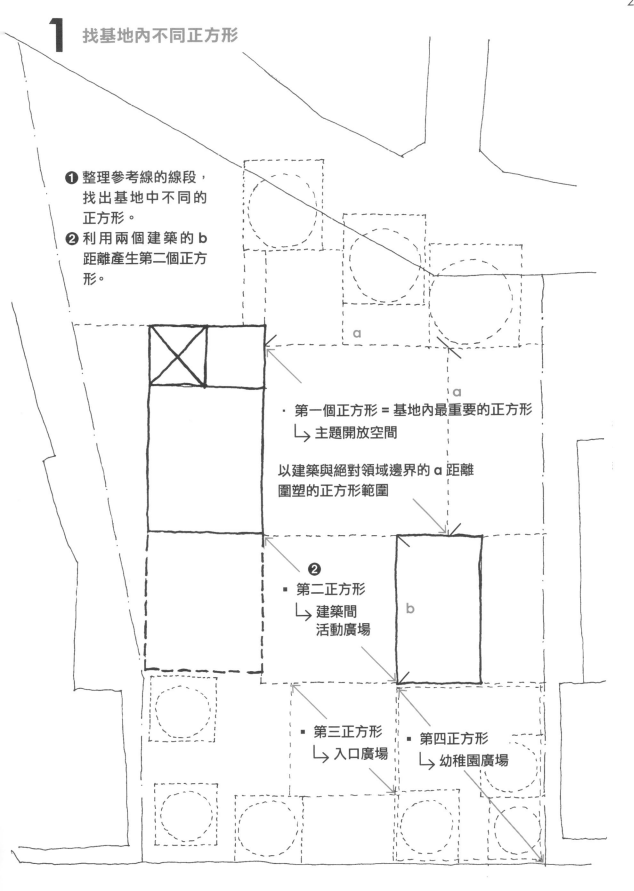

❶ 整理參考線的線段，
　找出基地中不同的
　正方形。
❷ 利用兩個建築的 b
　距離產生第二個正方
　形。

a

a

· 第一個正方形 = 基地內最重要的正方形
　↳ 主題開放空間

以建築與絕對領域邊界的 a 距離
圍塑的正方形範圍

❷
▪ 第二正方形
　↳ 建築間
　　活動廣場

b

▪ 第三正方形
　↳ 入口廣場

▪ 第四正方形
　↳ 幼稚園廣場

2 畫鋪面格線

範圍：主題開放空間的鋪面

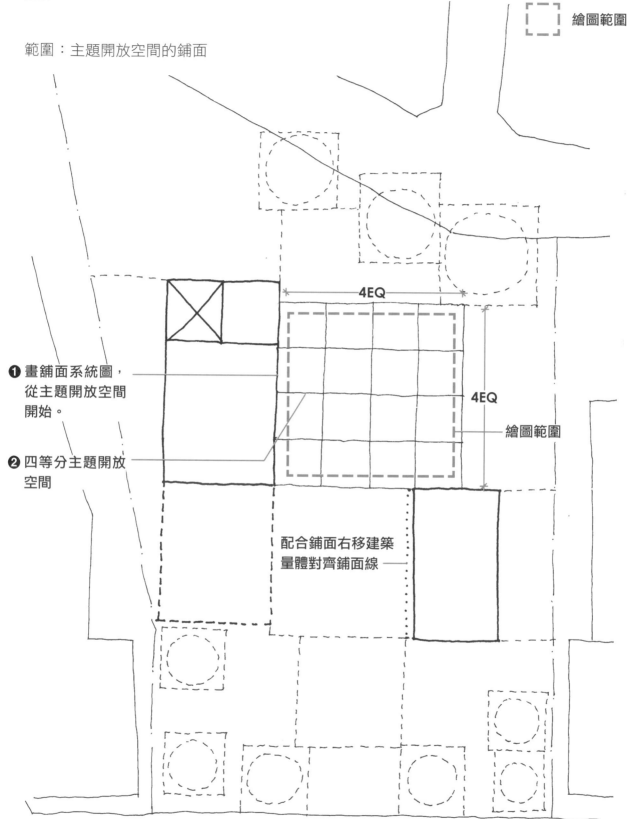

繪圖範圍

❶ 畫鋪面系統圖，
從主題開放空間
開始。

❷ 四等分主題開放
空間

4EQ

4EQ

繪圖範圍

配合鋪面右移建築
量體對齊鋪面線

3 畫鋪面格線

範圍：相鄰主題開放空間的區域

❶ 從道路方向尋找緊鄰主題開放空間
的鄰近區域。
❷ 平行人流方向，繪平行線段。
❸ 此線段間距為主題開放空間的一半

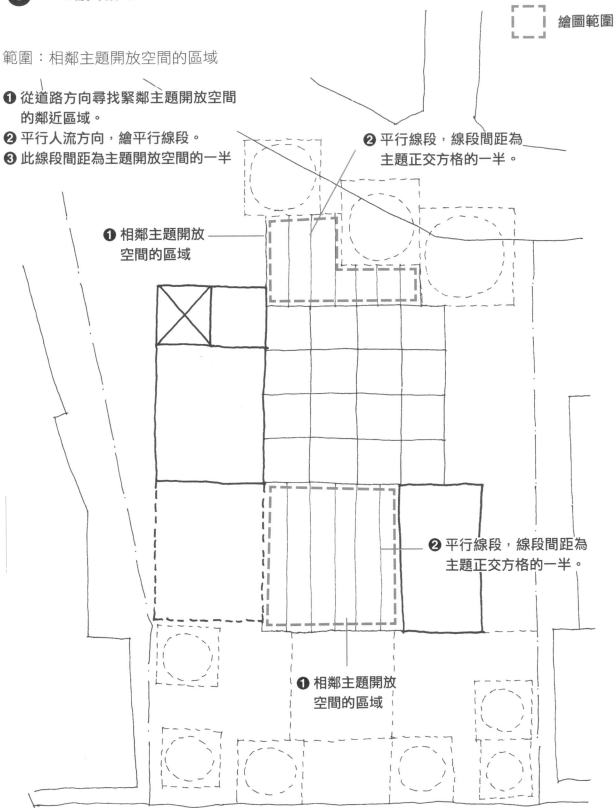

繪圖範圍

❷ 平行線段，線段間距為
主題正交方格的一半。

❶ 相鄰主題開放
空間的區域

❷ 平行線段，線段間距為
主題正交方格的一半。

❶ 相鄰主題開放
空間的區域

4 畫鋪面格線

範圍：入口開放空間的相關區域

❶ 往入口開放空間方向，相鄰
　 區域。
❷ 延續前一個區域的平行線段
　 至道路。
❸ 使平行線引導視覺動線，由
　 道路往主題開放空間延伸。

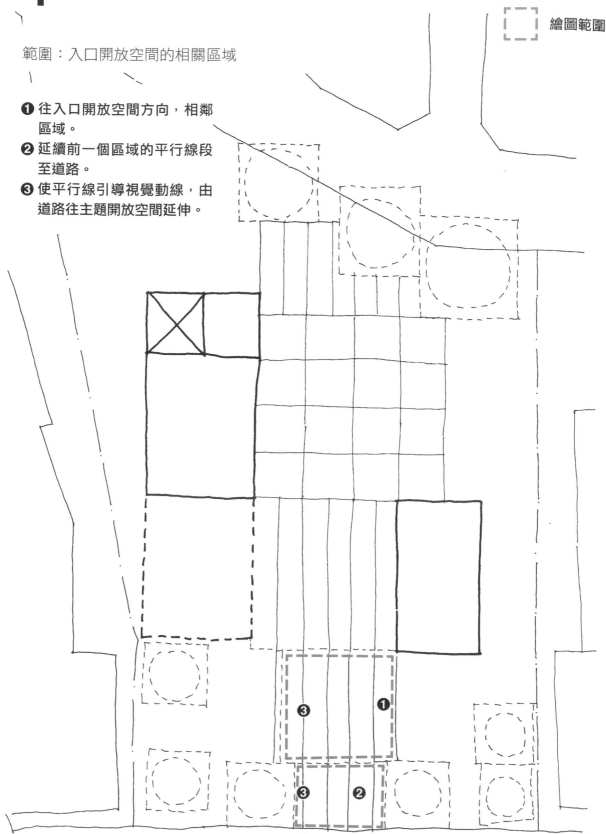

5 畫鋪面格線

範圍：臨馬路區域

❶ 沿著馬路的區域並相鄰上個步驟繪製的區域。

❶ 繼續下一個鄰著馬路的區域，發展鋪面系統。

❷ 延續上一階段的區域鋪面，將所有和入口區相接並緊鄰馬路的區域，填入鋪面系統。

❶ 沿著馬路的並相鄰上個步驟所繪製的區域。

繪圖範圍

❷ 平行線段平行人群進入基地方向

❶ 沿著馬路且緊鄰上步驟所繪製的區域。

❶ 沿著馬路且緊鄰上步驟所繪製的區域。

6 畫鋪面格線

範圍：沒有臨馬路區域

❶ 將未填入鋪面的區域，填入鋪面格子。
❷ 邊緣愈不重要的區域格線間距愈小，可以讓中間的主題區域被凸顯。
❸ 未鄰接道路的區域，用正交方格填入。

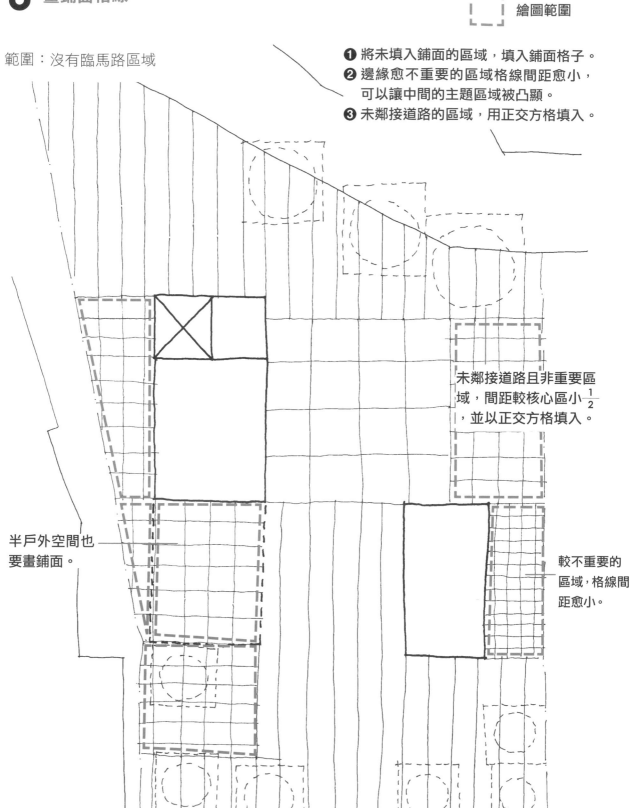

未鄰接道路且非重要區域，間距較核心區小$\frac{1}{2}$，並以正交方格填入。

半戶外空間也要畫鋪面。

較不重要的區域，格線間距愈小。

加入軟鋪面
畫配置 -2

定義：什麼是軟鋪面？

　　在圈內，大家對於軟鋪面有各種講法，在這裡我們簡單定義為「人不好走過或穿越的區域，有時希望人可以停留或不要走太快的區域」。

簡單分類它的可能類型：
一、自然的：草地、水池。
二、人為的：木平台。

　　當然啦，這只是個粗略的分類，要是真的發揮創意和想像，有數不清的軟鋪面型態。但這裡只是要幫助各位建立簡單、清楚且快速的鋪面系統，所以別想太多，先呆呆地用這三種鋪面填入自己的設計裡吧！

目的

❶ 讓圖面中軟硬鋪面的分布和比例，可以因為人行和活動強度而更合理分配。

❷ 利用軟硬鋪面在安排通行強度的設定後，使基地內的路徑，因為不同的景觀元素與設施而自然留設。

警告

❶ 前面的鋪面系統圖，和此章節的軟鋪面分佈圖。只是很有系統而程序的將景觀設施置入圖面。

❷ 因為只是直覺地將景觀元素置入基地內，所以嚴重欠缺地景上的創意思考。

❸ 若想要讓你的景觀設計充滿美感與創意，你需要讀很多書，想很多事，不能只憑我這薄薄的一本。

方法

❶ 從最單純且不重要的帶狀區域開始，最好鄰馬路。

❷ 判斷區域內人群的穿越方向。

❸ 垂直穿越方向的區域寬度三等分。

❹ 設定軟硬鋪面比例。如果覺得某個區域會有很多人在那裡走來走去搞活動，那這個區域就需要多一點硬鋪面。如果那個區域燈光好、氣氛佳，就是不希望有人在那裡吵吵鬧鬧，那就需要多點軟鋪面。

❺ 活動多、人群多、軟鋪面多、請在剛剛三等分中的設定為硬鋪面。

❻ 活動少、人群少、硬鋪面少，請在剛剛三等分的區域裡的，設定為硬鋪面。

❼ 用「靠邊」的感覺設定軟硬鋪面的位置。被三等分的區域中，根據區域兩側的性質決定硬鋪面該靠在區域哪一側，通常希望有人群活動的空間會是硬鋪面。

❽ 完成第一個最無聊的區域，開始設定鄰近區塊的軟硬鋪面，一個接著一個，把所有開放空間填滿軟硬鋪面。

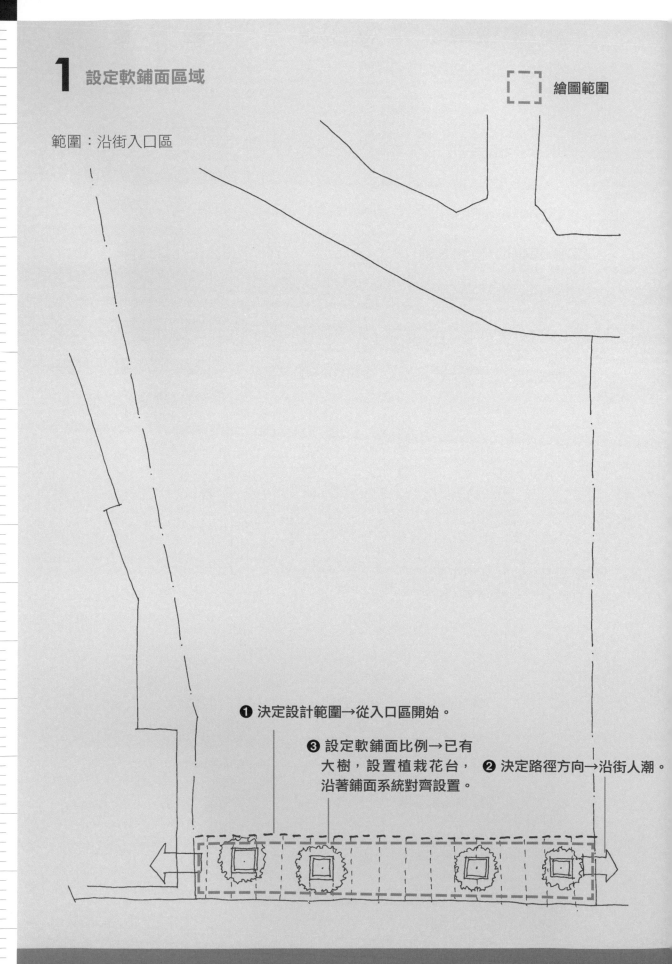

1 設定軟鋪面區域

繪圖範圍

範圍：沿街入口區

❶ 決定設計範圍→從入口區開始。

❸ 設定軟鋪面比例→已有
大樹，設置植栽花台，　❷ 決定路徑方向→沿街人潮。
沿著鋪面系統對齊設置。

2 設定軟鋪面區域

繪圖範圍

範圍：由沿街入口區至主題開放空間的過度區域

❶ 決定設計範圍→往主題 O.S. 推進
❷ 決定路徑方向→由南邊入口區往北邊，主題 O.S. 的南北軸線
❸ 設定軟鋪面比例→「軟少硬多」 ∴僅通過不停留。
→軟：硬 = 1：2
❹ 決定軟鋪面留設位置→靠左，右邊結合幼稚園入口廣場。
❺ 決定軟鋪面範圍→對齊鋪面系統留設約 $\frac{2}{3}$ 寬度軟鋪面。
❻ 檢討軟鋪面是否需要破口，供人行穿越→無
❼ 檢討是否有沿街步道需求→無

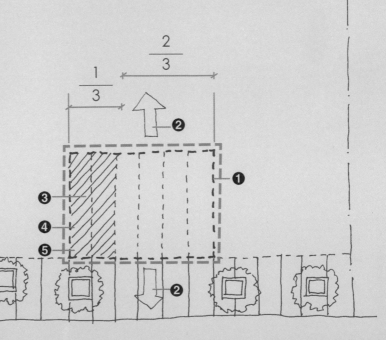

3 設定軟鋪面區域

範圍：延續上一個區域，連接室內空間與主題開放空間
　　　的第二過度區域。

❶ 換設計範圍→延續上一個區域，前往主題開放
　空間。

❷ 決定路徑方向→有兩個方向，南北方通往另一
　側邊界，東西進入室內空間。

❸ 設定軟硬鋪面比例→
　• 南北向，以步行為主，希望人群被引導進入
　　主題開放空間→軟：硬 = 1：2
　• 東西向，次要路徑多點軟鋪面，讓人群停留
　　→軟：硬 = 2：1

❹ 決定軟硬鋪面範圍→
　• 南北向，硬鋪面靠右，使硬鋪面往室內空間
　　相接引導人群進入。
　• 東西向，硬鋪面靠上方，利用軟鋪面圍塑東
　　西向路徑。

❺ 南北向軟鋪面，延線至前步驟設計範圍。

❻ 在 $\frac{2}{3}$ 位置處找最接近系統格線的線段，成為軟
　鋪面邊界。

❼ 完成鋪面分割

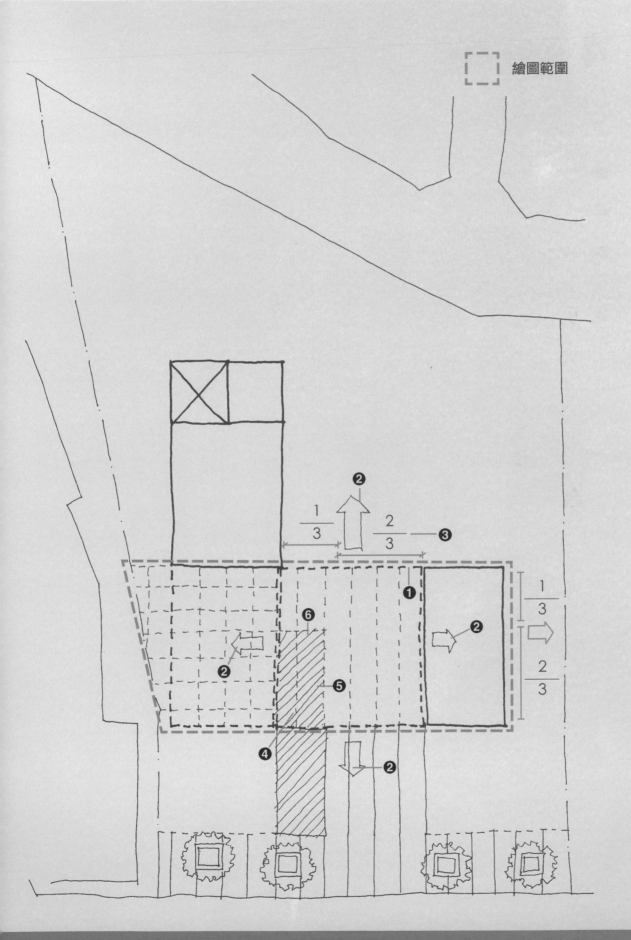

繪圖範圍

4 設定軟鋪面區域

範圍：主題開放空間

❶ 換設計範圍→
　延續上一個設計區域，並進入主題正方形。

❷ 決定路徑方向→
　主題開放空間是終點，所以沒有方向。

❸ 決定軟硬鋪面比例→
　配合室內空間特性與五大虛量體，在最後階
　段繪製。

❹ 完成

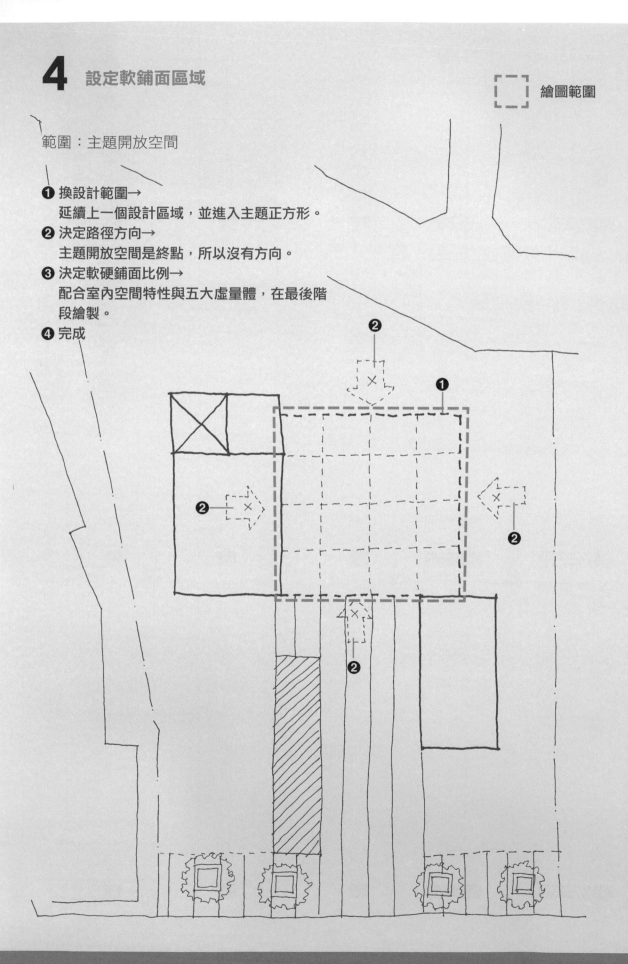

5 設定軟鋪面區域

繪圖範圍

範圍：北側入口區

❶ 決定設計範圍→連接主題正方形的北側入口區。

❷ 決定路徑方向→由北往南進入基地。∴南北向

❸ 本區域須留設沿街人行步道，喬木植栽連線決定範圍。

❹ 決定軟硬鋪面比例→引導行人為主，軟鋪面多。

❺ 設定軟鋪面範圍→設 $\frac{1}{3}$ 區域面寬，配合樹穴，將硬鋪面設與中間。

❻ 完成鋪面格線。

6 設定軟鋪面區域

與主題開放空間入口，空間較無直接關係的東北側兩區域。

區域 A

❶ 設計區域延續至區域 A。

❷ 人群方向為東西向（延續沿街步道）與南北向（北
方道路進入基地的次要出入口）。

❸ 決定軟硬鋪面比例→
通行為主，所以硬鋪面多。

❹ 決定軟鋪面範圍→
東西向延續前步驟軟鋪面。
南北向取寬度約 $\frac{2}{3}$ 範圍做軟鋪面。

區域 B

❺ 設計區域延續區域 A。

❻ 決定路徑方向
→南北向，延續區域 A。
→東西向，進入主題開放空間的通道。

❼ 決定軟硬鋪面比例
→南北向，僅做為通路，不具活動。所以僅通行硬
鋪面 < $\frac{2}{3}$ 寬度，並延續區域 A。
→東西向，僅做為通路，不需活動，供通行之硬鋪
面只需一種鋪面系統格。

❽ 決定軟鋪面範圍
→南北向靠左，使右邊硬鋪面與鄰地結合。
→東西向靠超商商業區。

❾ 完稿成為漂亮線稿

繪圖範圍

區域 A

區域 B

$\dfrac{2}{3}$

$\dfrac{1}{3}$

7 設定軟鋪面區域

範圍：其他未填入鋪面的五個區域

| 區域A | ❶ 有三個可能的路徑 a、b、c，都不是主要路徑，因此本區以軟鋪面為主。 |
| | ❷ 配合鋪面系統格，留設較多的軟鋪面與通道。 |

區域A
❶ 有三個可能的路徑 a、b、c，都不是主要路徑，因此本區以軟鋪面為主。
❷ 配合鋪面系統格，留設較多的軟鋪面與通道。

區域B
❶ 只有次要路徑，通往區域A，非重要通路，本區以軟鋪面為主。
❷ 軟鋪面的範圍延續自區域A。

區域C
❶ 沒有路徑。
❷ 此區全部做軟鋪面。

區域D
❶ 沒有路徑需求。
❷ 此區全部做軟鋪面。
❸ 可配合格子鋪面系統，留設庭院步道。

區域E
同區域C

區域F
❶ 右邊有重要設施（幼稚園），因此有通往幼稚園的水平路徑 d、e。
❷ 路徑非基地內主要通道，但為了圍塑幼稚園入口意象，留設正方形廣場空間。

繪圖範圍

・ 從入口到核心區的區域，完成軟鋪面設定後。
・ 開始進行，次要區域的軟硬鋪面設定。

區域 D

區域 E

a 路徑

b 路徑

區域 A

c 路徑

區域 B

區域 E

e 路徑

d 路徑

區域 F

TITLE 9-8

決定軟鋪面的種類
畫配置 -3

鋪面的目的

❶ 利用不同種類的軟鋪面，描述開放空間的特性。

❷ 調合圖面中不同的視覺元素，平衡圖面的視覺效果。

方法

❶ 前面的步驟已經區分出，不同範圍與大小的軟硬鋪面範圍。

❷ 置換不同種類的軟鋪面，以符合區域的性質。

❸ 如何決定軟鋪面的種類：

——草地：讓人放鬆，可以緩步穿越的軟
鋪面。

——木平台：以軟性的自然材質，製作成
「類硬鋪面」。通常希望成為室內外
的轉換空間。也會被指定成可以產生
活動的室外領域。

——水池：柔軟的形體但剛強的邊界，有
阻隔某些區域的效果，也因此會讓人
有安靜的氛圍。

設定軟鋪面的性質

❶ A 區域：只有沿街邊緣會有人經過，除通行步道或庭院小徑，其他空間皆以「綠地」為主。

❷ B 區域：比 A 區域更少有機會使人穿越，區域內全部填入「綠地」。

❸ C 區域：入口區的重要地標，但活動性較主題開放空間低許多。且包圍以靜態訴求為主的圖書館空間，以水池填入，除了產生水體地標處，也增加空間的靜態效果。

❹ D 區域：包圍主題開放空間的非主要區域，但考慮主題開放空間的延伸感，可以綠地填入，讓人感覺可以在這區域產生活動。

❺ E 區域：為使幼稚園入口區域可以以正方形清楚呈現，而留設的軟鋪面，可以是木平台也可以是草地。其中木平台的功能是讓人在平台上產生活動。

❻ F 區域：商業空間與外部舊建築相鄰空間的連結區域，以木平台鋪設，使該空間有一種對舊都市環境，接續或維持的交流感。

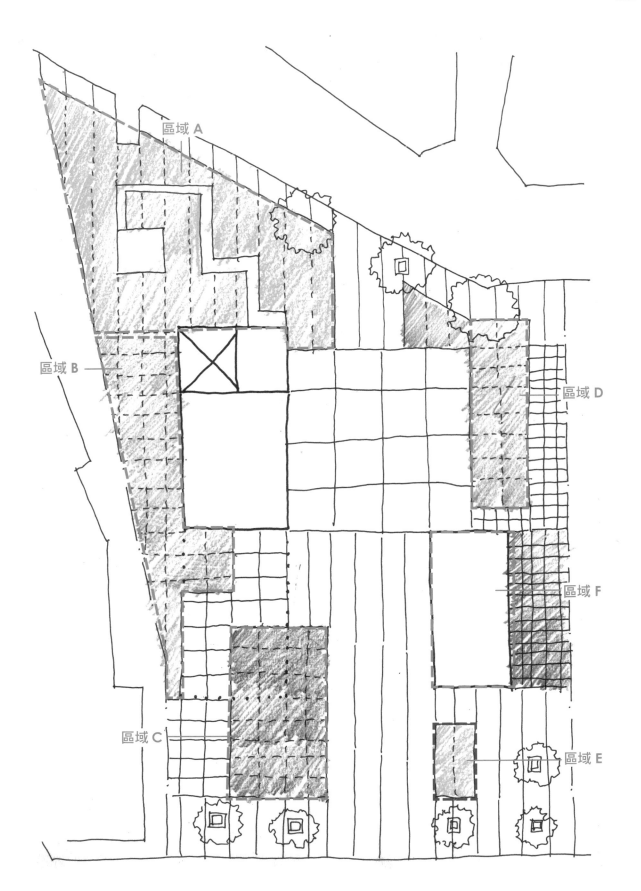

區域 A

區域 B

區域 D

區域 F

區域 C

區域 E

種樹－找出基地中需要種樹的區域

A 型區塊　　　　沿街或僅供通行的路徑
B 型區塊　　　　花檯或綠地，基地內的主要植栽區域
C 型區塊　　　　有特殊要求與功能的開放空間
D 型區塊　　　　不太適合種樹，但有樹會更好的區域。

❶ 只是路徑的區域，用「列」的樹，產生人群的引導效果。

❷ 沒有路徑的區域，用「群」的樹，可以產生基地外往內部的圍封感覺，包圍效果。
　 如果基地周圍有不好的東西，譬如噪音或污染，「群」的樹也可以產生保護的感覺。

❸ 基地與鄰地的邊界，用「列」的樹，軟化邊界，有向外延伸的效果。

❹ 基地內部的庭院空間，比較不用考慮人群移動，但希望在軟鋪面的邊緣，可以有停
　 留駐足的機會，因此「樹」變成人群休憩停留時的安穩靠山，以人無法穿越的「群」
　 樹加強靠山效果。

❺ 基地入口開放空間，除了要引導人進入主題開放空間，也希望成為有活動感的空間。
　 用「陣」的樹，可以讓樹冠成為自然的大棚架，讓人自由的穿越。

❻ 基地入口的大水池，用一棵「獨」的樹成為水上地標，宣告入口。

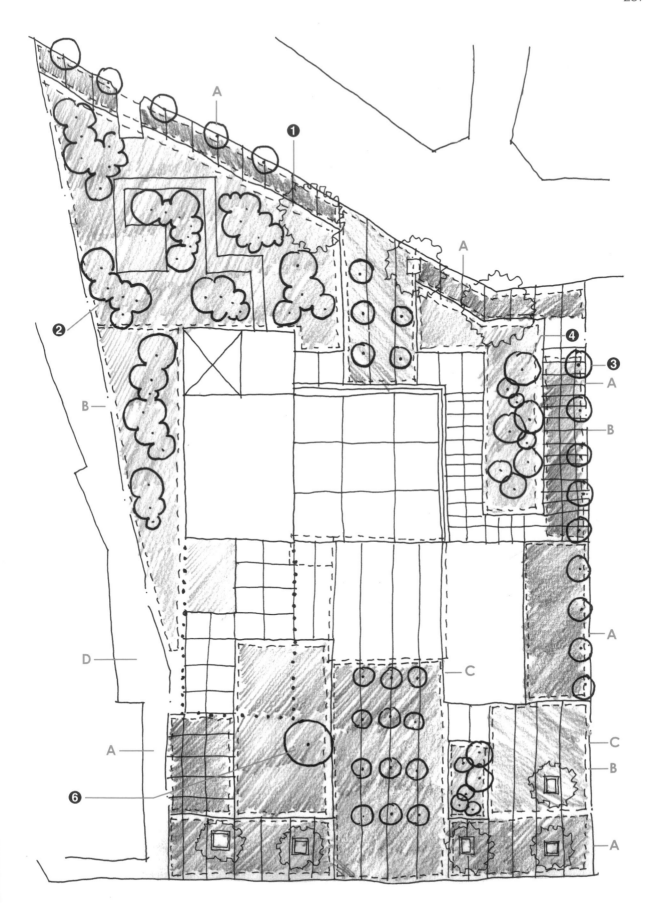

在配置上決定五大虛量體的位置和範圍畫配置

目的

❶ 理性地用最終開放空間區塊,區劃出各種虛量體的位置和設置方式。

❷ 不要只是沒事找事做,將五種虛量體硬放到空間環境裡。

方法

❶ **一號虛量體**(大棚架):發生位置通常在主題開放空間裡,有時候會是建築與建築圍塑的次要開放空間。最主要的功能是提供具公益性質的有頂蓋開放空間,但,不計入建蔽喔。

❷ **二號虛量體**(廊道):有頂蓋的半戶外步行空間,因為有頂蓋,加入幾張小椅子,然後彎折個幾下,就會很有中國庭院的風格。**通常被運用在連接動靜性質差很多的建築量體。**

❸ **三號虛量體:**(階梯廣場):一樣通常被設置在主題開放空間裡。設置的時候可以稍微退縮一圈,讓建築與階梯間產生一些緩衝空間。設置階梯廣場時,要先決定可能的舞台區,讓階梯廣場的座椅區有方向性。並且在圖面上產生戶外空間的展演劇場感受。

❹ **四號虛量體**(地下陽光廣場):是一個險招,通常我會用在空間量太大,導致地面層開放空間不足的時候。**地下陽光廣場和大棚架空間一樣,都得利用完整的開放空間區域,才能呈現開放空間的完整性。**

❺ **五號虛量體**(高空平台):是一個會自然而然產生的開放空間型式。尤其是地面層量體為了呼應基地周圍現況時,而與主建築量體合併設計。

最大的問題是這些虛量體像車的零件訂製品,要用來開拓自己的興趣與目標。

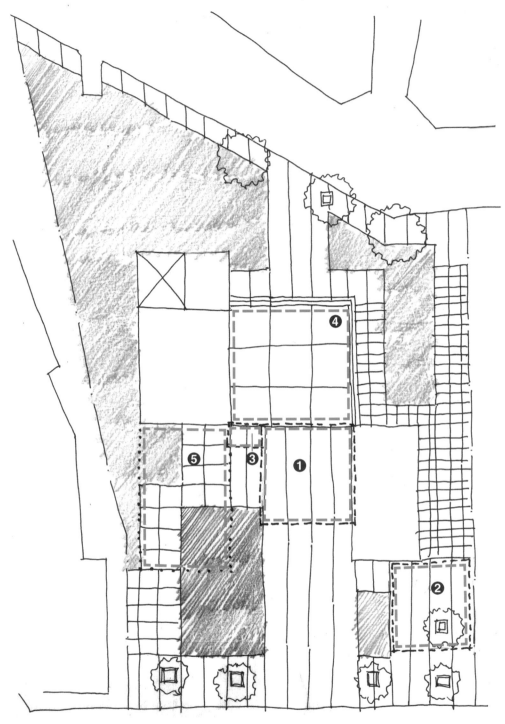

五大虛量體設定

❶ 位於建築／主題開放空間的正方形範圍，可以作為臨時的風雨廣場。········ 設為「一號虛量體」

❷ 位於商業室內空間與幼稚園間的正方形領域。·························· 設為「一號虛量體」

❸ 連接風雨廣場的圖書館主體建築的建築空間，僅作為通行使用················ 設為「二號虛量體」

❹ 本題為教育類題目，主題開放空間可以利用「階梯廣場」，
強化文教空間的空間質感··· 設為「三號虛量體」

❺ 原有規劃量體中的一樓，利用動線周圍的設施，如花台、水池，形塑可以讓人停留的休憩空間。

畫建築

▪ 加入樑柱和開窗，讓室內空間有表情

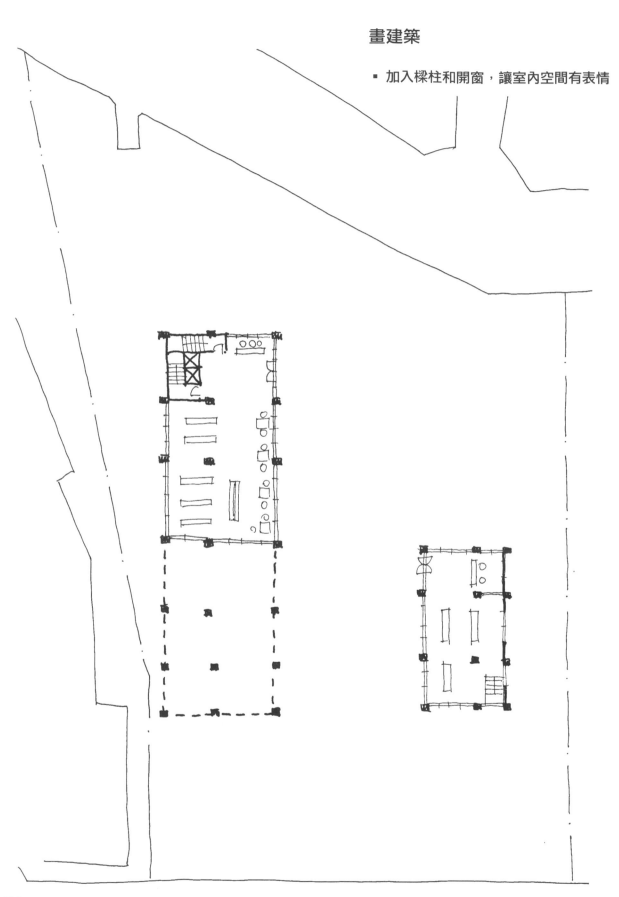

簡單上色讓各區域清楚呈現

▪ 加上座標，強化活動感……end

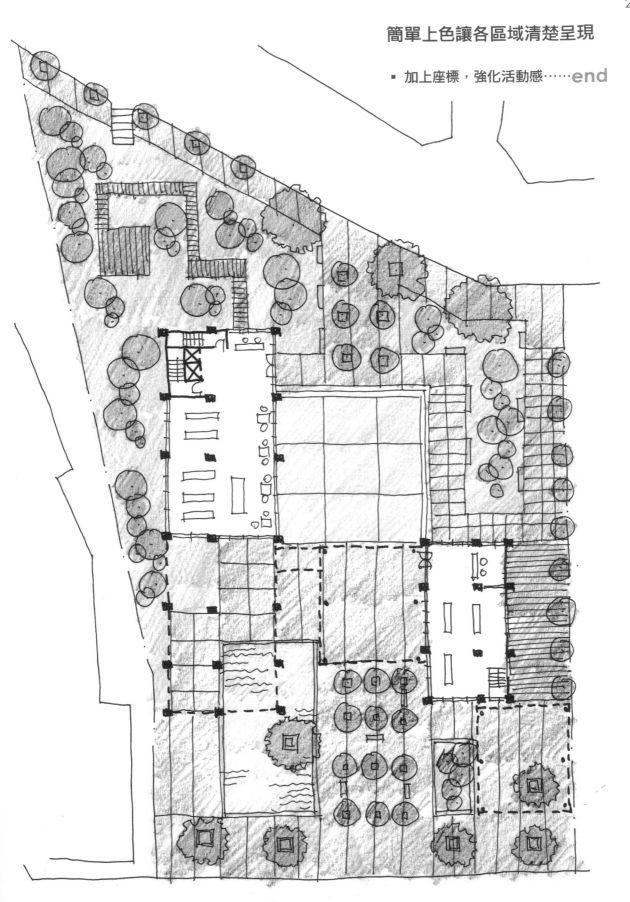

ARCHITECTURE
MASTER CLASS
SPATIAL THINKING

CHAPTER TENTH

建築師
還是得考試

階段練習實作

考前的
速度練習

文字分析的練習

　　文字分析是增進對題目中文字敏銳度的好方法，我寫的這堆歷年考題「文字分析」範例，像法規條文一般，密密麻麻地排列在眼前，要弄懂它就心涼了。想要運用到圖面上，壓力之大更是首次接觸的人，無法想像的。

　　實際上，文字化的設計要求（也就是設計考題的題目），出題老師因為不能用圖像描述他心裡的設計想法，其實比我們將它圖像化、空間化還要困難，反過來講，老師能用來描述空間想法的

字句、說詞，是少之又少，就算這幾年曾經出現「萬字名題」，但他的內容也不過就是一堆類似的字眼，不斷的重複。

　　因為這個原因，我們只要能掌握這些年曾經出現過的設計字眼，並且加以深化分析，就足夠你進考場，面對全新的考題。

　　這裡提供三個練習的過程讓大家做參考：

1 讀題目，第一次先自己找關鍵字

找關鍵字是「破題」的首要步驟，但剛開始練習考試的人，壓根找不到有意義的關鍵字，因此，在自己先列出第一次的關鍵字後，可以透過和我的版本比較，來達到刺激思考的效果。

2 大聲唸讀並抄寫

前面說過只有唸出聲，並且動手寫下來，才能讓大腦確實出到力、用到腦。

3 在題目的基地現況周圍，寫上文字分析的結果

不是要你畫圖，只是要你把文字分析的結果重新寫在基地周圍，重點是將這些文字加「引線」點出和這些「文字」有關係的區域和位置。

如此，你的腦袋會同時將文字與基地連結在一起，腦子也可以將文字轉換成圖面的思考。

圖面的練習

我曾經說過，腦袋是個很多洞的水桶，知識是水。當你把水一般的知識注入充滿洞的水桶後，知識也會像水一般的漏光光。你唯一能做的就是不斷的注入知識，才能讓腦袋充滿可以應對問題的資料。考試的畫圖也是一堆步驟和流程，想要熟悉它，就是要將這些步驟個別拆出來，然後一個步驟重複練習到爛，甚至越想吐，才可以停手。跟我一起練習設計的會咖們，稱它為「十連發練習」。有「切配置十連發」、「泡泡圖十連發」、「大配置十連發」、「透視十連發」等等，當然你也可以細分更多的步驟來強化你的強項，讓你的拇指、食指變得更有動力。

TITLE 10-2 版面與考場時間分配

1 圖紙 $\frac{3}{4}$ 處反折，反折後背面寫文字分析

- 參考章節：3-5
- 時間：90 分鐘

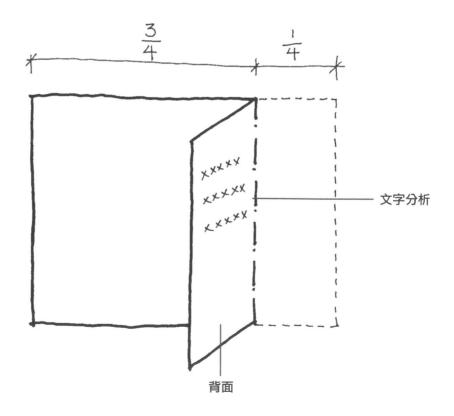

文字分析

背面

2 圖紙左上角 $\frac{1}{4}$ A3 範圍，畫「基地環境分析」開始「切配置」

- 參考章節：9-1~9-4
- 時間：30 分鐘
- 圖面比例：
  $\frac{1}{1000} - \frac{1}{1200}$

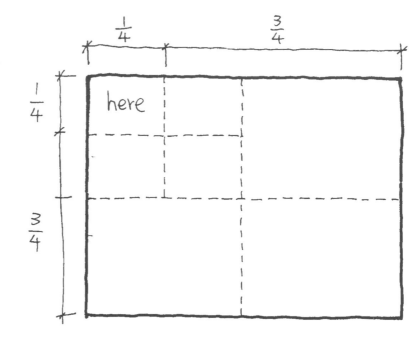

3 「基地環境分析」圖的右邊，畫「建築量體與空間計畫」 設定「建築規模」與「空間規模」。

- 參考章節：9-5
- 時間：30 分鐘
- 圖面比例：無

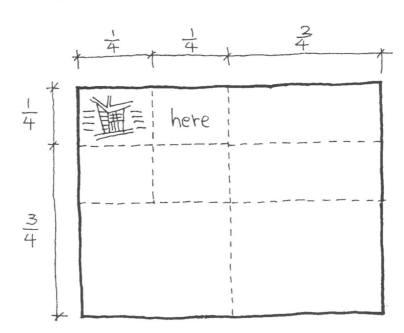

4

「基地環境分析圖」的下面區域,畫「空間定性定量」為空間「定性」、「定量」。

- 參考章節:9-7
- 時間:30 分鐘
- 圖面比例:
$$\frac{1}{800} - \frac{1}{600}$$
- 此 A3 範圍完成,
  可視為「建築計畫」完成

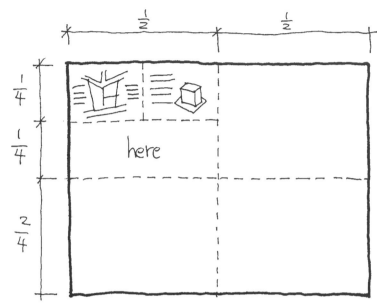

5

「空間定性定量圖」下方,畫「主配置」

- 參考章節:9-8
- 時間:60 分鐘
- 圖面比例:$\frac{1}{400} - \frac{1}{200}$

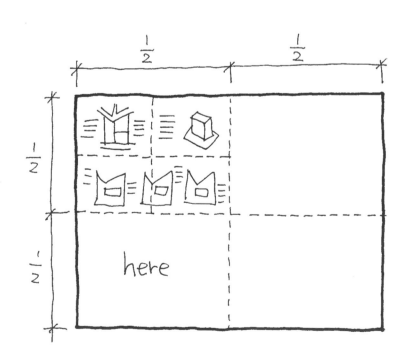

6 圖面右上角畫「透視圖」

1. 基地放樣
2. 將「主配置」成果，完整
   轉繪製透視
3. 畫初步量體
4. 加入景觀點景
5. 建築量體做造型變化

- 參考章節：2-1~2-5
- 時間：60 分鐘
- 圖面比例：$\dfrac{1}{800} - \dfrac{1}{600}$

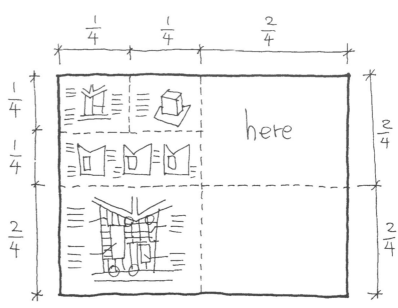

7 在圖面的左下角完成題目中，要求的其他圖面

- 時間：90 分鐘
- 圖面比例：依考題設計

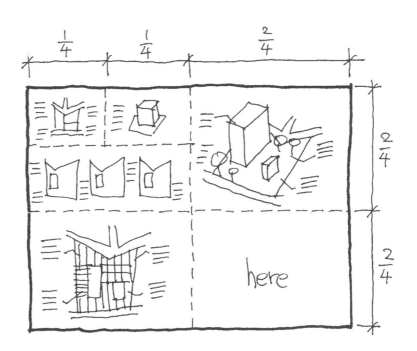

8 完成所有圖面的鉛筆搞，開始「上墨線」、「加顏色」。

- 完成所有圖面的鉛筆稿
- 為「結構體」上墨線：30 分鐘
- 為「標題字」上墨線：15 分鐘
- 為「軟硬鋪面」上色塊：15 分鐘
- 為「點景」、「細部」上色：15 分鐘
- 所有操作過程結束

NOTE

❶ 敷地考試時間僅有四小時，操作方式是將「建築設計」圖面中的「泡泡圖」、「各層平面圖」、「透視圖」簡化或省略。

❷ 上面所說的表現方式，只是最基本的表現法，如果讀者有更厲害的表現法，可以自己試試看，並計算時間做時間節點的調整。

❸ 設計考試有時間限制，因此每個階段都必須達到一定程度的完整性與可讀性。

❹ 題目有不同的基地條件，會影響版面與流程，可以多練習，找出順手的編排方式

TITLE
10-3 圖紙上的
完成度控制

1 每一筆畫都要當正式的完整圖來畫

　　前面有說，把橡皮擦當筆用，不斷的把不要的線段刪除，只留下圖面中，正確且有意義的線條和文字。這樣的要求是為了減少圖面完成後，需要重新回頭修改圖面，以求圖面有完稿的水準，也避免設計的過程，過多不必要的線條，混亂了思考流暢。

2 先用鉛筆完成所有圖面的
框架與鋪面

　　避免在圖面的某個區塊或步驟著墨太久，如果有這狀況，通常會發生的問題，就是圖面完成度嚴重不平衡，有的完成度高，有的則相反。因此在練習的過程中，應盡量讓每個圖紙區塊內的品質一直維持一致。在設計完成的同時，也完成所有圖面的鉛筆稿，包含圖面與說明文字。

3 整張圖紙不同區塊同步上墨、上色

　　當你完成鉛筆稿後，如果是為結構體上墨線，則整張圖紙內一次完成所有結構體有關的鉛筆稿，都需要完成上墨線這件事。上色也一樣，一次完成所有圖面區塊的上色，再繼續其他完稿工作。

304

TITLE 10-4　考試的 工具

簡化工具就是幫自己簡化設計過程

當年在考場上，我總是喜歡竊笑周圍同學過於繁雜的工具包，在考前，從大大的布袋裡掏出這些髒髒舊舊又五顏六色的工具，而這些工具總是只能在考前，被整齊地排列在圖桌的周圍，然後考試開始一小時，這些工具就好像潑出去的水，散落在桌面與地面。

我是一個懶惰的人，為了不要讓自己像其它人的樣狼狽，我會在考前，將每個階段要用的工具，用橡皮筋束在一起，當我改變畫圖步驟時，我可以快速拾取，直接馬上進入下一過操作流程，除此之外我也將不同粗細、不同顏色的工具種類，盡量簡化，減少自己在考場上可能會因為抉擇工具而浪費時間。

我會用的筆和工具

第一組：鉛筆 + 格子尺 + 橡皮擦

我用的是 KAWAIO 的仿鉛筆自動鉛筆，它有適當的筆徑，書寫時容易分散，手部肌肉的壓力，且重量適中，容易久握。

同時第一組工具還包含了一把 15 公分長的格子尺，它可以幫助你快速繪製，需要水平垂直的線段。而橡皮擦如同我前面所提，它可以幫大家刪除不清楚、不重要的線條。

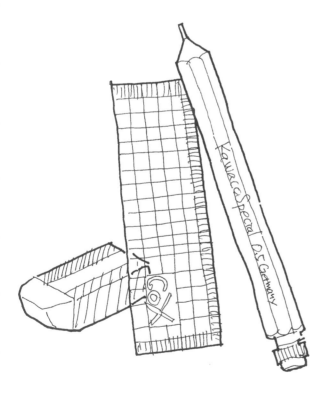

第二組：上墨工具

很久很久以前，沒有電腦的時代，進考場要帶針筆，考試的前輩會說，你畫的圖得跟電腦畫的一樣美。沒過幾年，建築師的身分越來越像藝術家，畫圖的工具變的千變萬化，其中最被大家喜愛的是「雄Ｏ」出品的「簽字筆」，它會隨著墨量、筆勁而有不同線條表情，相信到現在，這支筆還是很多人的最愛，但對我而言，它忽大忽小、忽濃忽淡，有時還會分岔的筆跡，用它簡直是自找麻煩。我選擇使用 MITSUBISHI 出品的 uni-ball 鋼珠筆，它有穩定的墨量與固定的線寬，讓圖面看起來有電腦繪圖的質感，但它同時保有雄Ｏ簽字筆在書寫時的流暢。

第三組：上色工具

　　對我而言，顏色是單純的反應圖面
中的材質區塊，不會做太炫技的表現。
當然，這只是我逃避自己能力的理由之
一。

159	239	055	008
159	225	053	405
141	016	021	

可以是完整大圖的復原，也可以只是快速的配置圖簡單復原。做這件事可以讓你有機會在事後做設計缺失的檢討依據。當然你也很有可能像我一樣再也不用檢討自己的考試成果，因為你已經結束這個考試地獄，回復身分，成為不用太認真過日子的建築人。

回家陪陪家人

準備考試這段時間，沒有好好工作，對不起老闆，你可以換工作。沒有找朋友聊是非、喝喝酒，對不起朋友，朋友可能再也不想跟你聯絡了，那也由不得你，但你可能錯過了幾次和女朋友吃大餐的那些日子；可能少了幾次陪爸媽聊

聊天吃吃飯的日子；也很有可能錯過兒子女兒的生日蛋糕。不論考得結果怎樣，在考完的第一個夜晚，請抱抱你的家人，這些不論你的日子過得怎樣，都不會離開你，並且不停支持你的家人，告訴他們，你/妳很愛他們，謝謝他們。

最後

　　謝謝我親愛的老婆、三個兒子和父母，支持我無論是考上前或考上後，一共當了七、八年的建築師考試的忠實考生，因為我發了一個蠢願，要幫助大家一起面對這個討厭的考試。也謝謝一路支持我辦這個讀書會的會友，沒有你們的支持，我走不到今天，也出不了這本書，由衷萬分的感謝各位。

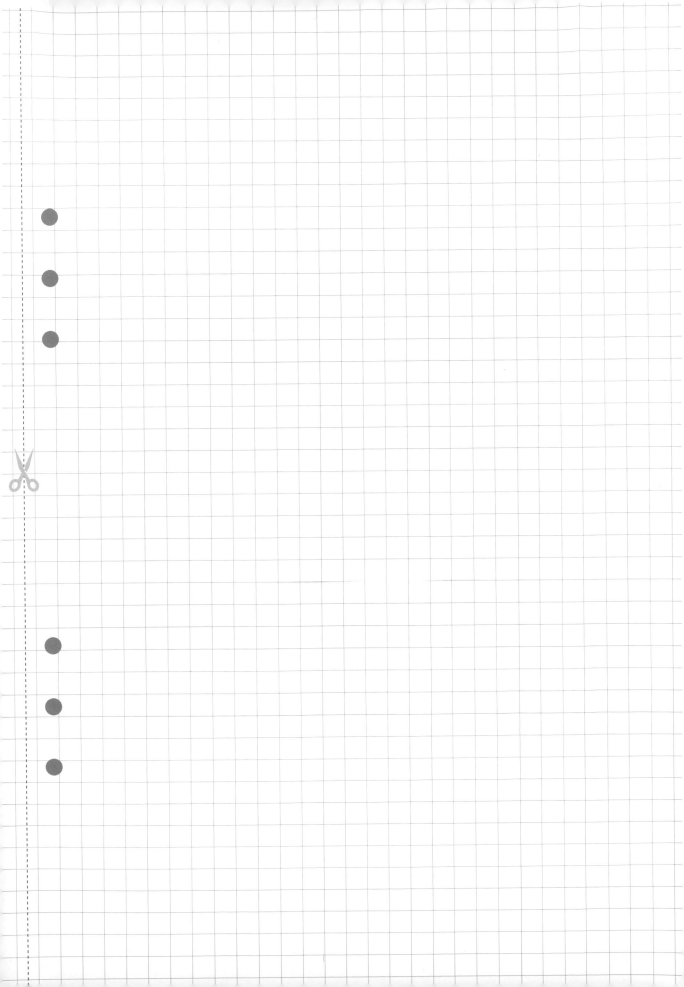

ARCHITECTURE
MASTER CLASS
SPATIAL THINKING

都市設計空間符號說明

項目	符號說明
1. 人本空間	→人本廣場空間→廣 →人本帶狀空間→帶
2. 開放空間	→入口開放空間→入 →主題開放空間→主
3. 建築空間	→室內空間→室 →半戶外空間→半
4. 交通空間	→交
5. 綠化空間	→綠
6. 生態空間	→生
7. 災害預防空間	→災

附 錄

APPENDIX

阿傑秘密補課 文字分析 Ver.2

建築設計×敷地計畫大解密

STEP1 分析文字所暗示的「需求」

STEP2 界定需求與基地的「對應」關係

STEP3 構思適合的「活動」所在的位置

最後，你就能自由自在的畫出屬於你自己的圖面創作。

96 年設計｜文史資料館與里民活動中心設計

Q 基地周圍除了被不斷強調的歷史街區居民外，
還有充滿未來感的捷運站，與新住民該如何在設計基地上回應？

A：除了精確回應題目的議題外，以人為本的人本空間可以滿足所有的環境需求。

大部分分拿本題做 練習目標的人，都是用盡全力去處理歷史街區的議題而不去思考基地周圍非歷史街區的新住民，然後就進了出題老師預設的陷阱，直接忽略於新住民的西北地界放置展示空間或瞭望街區全景的高架構造物。這樣的配置方式嚴重缺乏向周圍環境友善的空間，會是一個很難過關的配置策略。

上課的時候，我們常常在討論的一個重要觀念，就是「人、開、建、交、綠、生、災」，就是人本空間、開放空間、建築空間、交通空間、綠化空間、生態空間、防災空間。這七個空間是我們用來回應環境的重要都市設計空間，他不只是空間的項目，還是一個重要性的排序。也就是說，如果一個基地周邊，存在一個鄰房或設施，這個設施，在文字題目中，無論有沒有提及或強調，我們都該以人本空間（友善環境的開放空間），來回應他們，來友善他們。

所以下次解題的時候請記得一句話：鉅細靡遺，面面俱到。

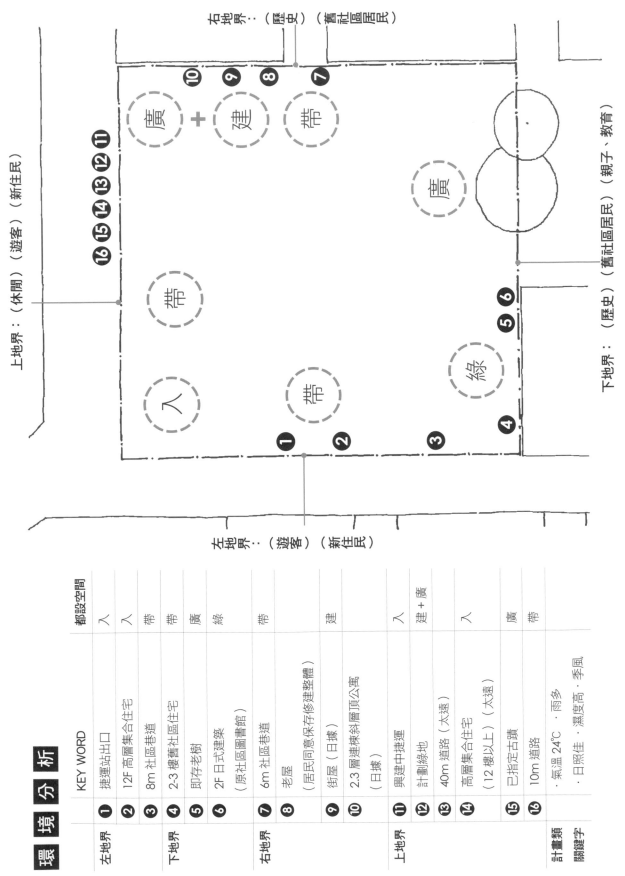

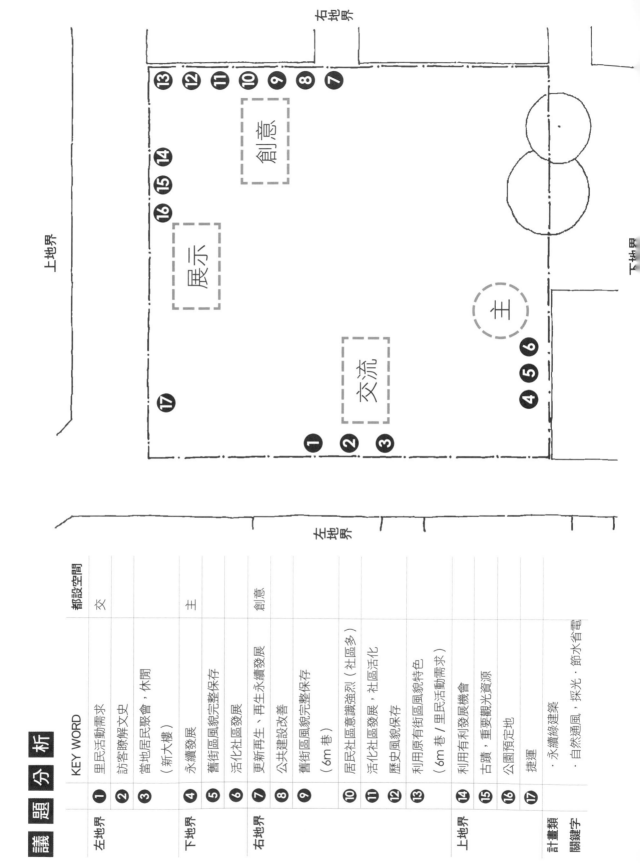

議 題 分 析

	KEY WORD	都設空間
左地界		
❶	里民活動需求	交
❷	訪客瞭解文史	
❸	當地居民聚會、休閒（新大樓）	
下地界		
❹	永續發展	主
❺	舊街區風貌完整保存	
❻	活化社區發展	
右地界		
❼	更新再生、再生永續發展	創意
❽	公共建設改善	
❾	舊街區風貌完整保存（6m巷）	
❿	居民社區意識強烈（社區多）	
⓫	活化社區發展、社區活化	
⓬	歷史風貌保存	
⓭	利用原有街區風貌特色（6m巷／里民活動需求）	
上地界		
⓮	利用有利發展機會	
⓯	古蹟，重要觀光資源	
⓰	公園預定地	
⓱	捷運	
計畫類	・永續綠建築	
關鍵字	・自然通風、採光、節水省電	

97年設計｜跨國企業之員工度假中心

 如何設定「企業形象」？並且落實在未來空間中，進一步強化競爭力與員工福利？

A：設定普世企業經營價值，作為空間設定的前提。

很多人在練習這題的時候，心思都在題目中的這句話，而不是如何利用空間的手法，來提昇企業的競爭力和員工的福利，這是非常不妥的解題策略和方向。但我們讀書會的練習策略一向秉持面面俱到解決所有問題的前提下，對於這個不痛不癢但很顯著的問題，我們還是要提出一個好的思考策略來面對。

首先，回到一個最原始的問題：什麼是優良的企業？就我國的社會文化氛圍下，可以簡單歸納出四點：

一、可以永續經營的企業。在空間是否具多元使用的功能，且建築構造上能反應減少能源消耗的能力。

二、具有社會回饋責任感的企業。希望該企業的實體空間使用，是否能向基地周圍的居民有共用共享的可能，以促進城鄉人文環境的進步。

三、能夠友善對待自然生態與環境的企業。企業的建築開發，能夠減少對自然環境的干擾，甚至維持原貌。

四、具有獲得能力，還能照顧社會弱勢族群的企業。建築的空間使用項中，具有可以照顧環境周圍弱勢能罷休的機構。

有了上面幾項的基本企業要求的觀點，接下來再挑一家你熟悉的好企業，完成題目要求。

環境分析

(site plan diagram)

右地界‥（家庭）

上地界：（休閒）

下地界：（產業）

左地界‥（社區）（機能）

廣　交　入　建　賞景空間　建＋

		KEY WORD	都設空間
左地界	❶	商店街林立	廣
	❷	8m社區道路	
	❸	停車場	
	❹	200戶社區 交	
	❺	磚牆雙斜水泥瓦（2樓房舍）	
	❻	夕陽、都市夜景	開
下地界	❼	12m社區道路	建
	❽	往東道往6m產業道路	
	❾	菜園	
	❿	2F房舍	
右地界	⓫	渡假小屋	廣
上地界	⓬	住不同景點及遊客服務中心	廣
	⓭	5m風景區健行步道	廣

計畫類　·海拔500m，都計風景區

關鍵字

議題分析

右地界 · 左地界 · 上地界 · 下地界

餐廳　交誼　作品展示　創意工作室

		KEY WORD	都設空間
下地界	❶	優良企業形象	
	❷	幹部參與創意研習	
	❸	提升企業整體競爭力	（創意工作室） （展示空間）
右地界	❹	考慮與新建有關空間之 連繫動線 空間氣氛，量體塑形配合 基地及周圍環境 體現集團形象或品牌意象	（形象特色）
上地界	❺	員工攜眷渡假	交誼空間
	❻	員工渡假服務據點	（交誼）（餐廳）
	❼	調適身心	
計畫類 關鍵字		台灣基本氣候條件→多濕、 多雨、多風、太陽大 基本普世價值→環境保護、 友善在地文化、 永續經營（獨立議題）	

Q 「指定範圍」與「自設範圍」如何組合？高樓層住宅大樓與商業區，設計上的思考策略為何？

A： 但題目要求自行設定設計範圍，可以從基地環境中，找出有利於發展的地界條件，來定義有意義的設計範圍。

我們在考試的時候所習慣的題目，是「空白的基地」被「複雜的環境」包圍。而98年設計這題目剛好相反，是充滿現況的基地條件，被空白想像環境包圍。這是很棒的地目，但認為要再考量的機率應該不太高。先不管不會再出現類似的題型，但考驗建築師設定環境特性的本質是一致的。

在傳統的考試題型情況下，我們得根據環境條件，設定基地的邊界特性（使用者組成、活動特質），然後進一步設定可以和地界對於空間機能。但是98年設計這題目的情況則是相反，設定成基地地界，把指定區的邊界，設定成基地地界，由指定區內部的基地線索，往外思考長方形邊界的性質，然後再根據題旨要求，配對跟邊界有關的空間。

只是這個空間不是我們習慣的有構造物的建築空間，而是沒有明確邊界的城鄉區域，也就是題目說的「自設空間」，如果你覺得，維持人口數很重要，有經濟活動感的東北角街區，是可以成重要的自設區線索；如果你覺得廣意文化活動保留區很重要，西南側豐富的巷弄城市紋理，是很好發揮的特色，那東南區像水田的區域就是最佳的自設邊界空間。

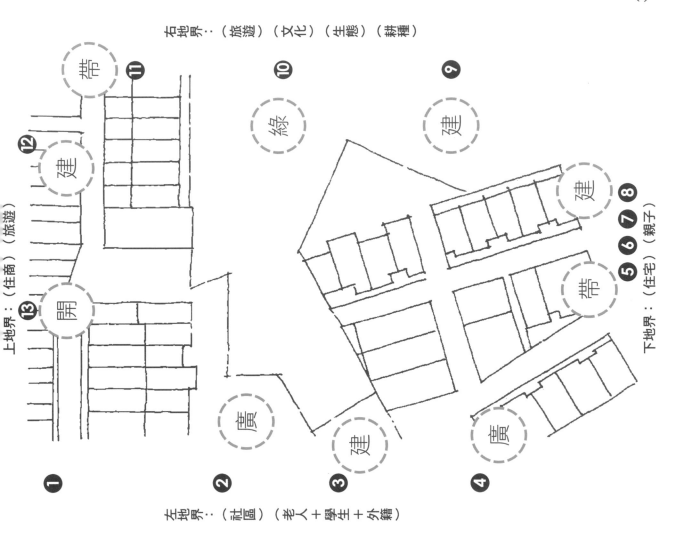

右地界：（旅遊）（文化）（生態）（耕種）

左地界：（社區）（老人＋學生＋外籍）

上地界：（住商）（旅遊）

下地界：（住宅）（親子）

環 境 分 析

		KEY WORD	都設空間
左地界	❶	3R、4R	
	❷	既有開放空間	廣
	❸	巨大建築	建
	❹	巷弄即有街角開放空間	廣
下地界	❺	雙併連棟住宅	建
	❻	鐵皮加蓋	建
	❼	沿街鐵皮簷廊	帶
	❽	2R、3R	建
右地界	❾	水岸鐵皮屋	建
	❿	水田	綠
	⓫	沿街鐵皮簷廊	帶＋建
上地界	⓬	3樓鐵皮加蓋，街屋 住商	建
	⓭	街屋破口	入

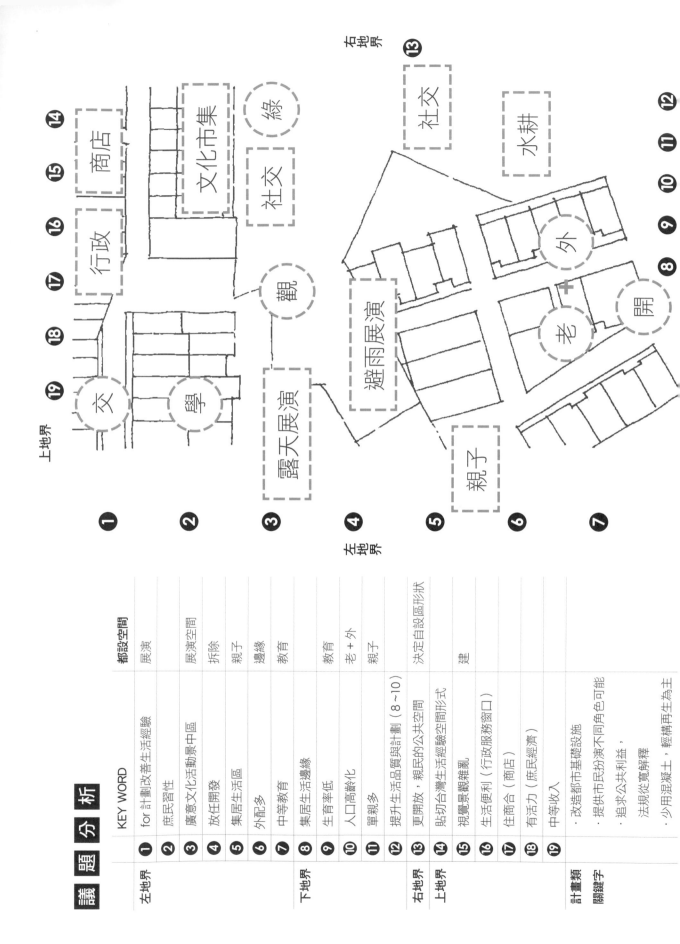

議題分析

	KEY WORD	都設空間
左地界		
❶	for 計劃改善生活經驗	展演
❷	庶民習性	
❸	廣意文化活動景中區	展演空間
❹	放任開發	拆除
❺	集居生活區	親子
❻	外配多	邊緣
❼	中等教育	教育
下地界		
❽	集居生活邊緣	
❾	生育率低	教育
❿	人口高齡化	
⓫	單親多	老＋外
⓬	提升生活品質與計劃（8～10）	親子
右地界		
⓭	更開放，親民的公共空間	決定自設區形狀
上地界		
⓮	貼切台灣生活經驗空間形式	
⓯	視覺景觀雜亂	建
⓰	生活便利（行政服務窗口）	
⓱	住商合（商店）	
⓲	有活力（庶民經濟）	
⓳	中等收入	

計畫類：
· 改造都市基礎設施

關鍵字：
· 提供市民扮演不同角色可能，
· 追求公共利益，
　法規從寬解釋
· 少用混凝土，輕構再生為主

99 年設計 | 小學加一，兒童圖書館設計

Q 「加一」空間要加什麼？
題目中使用者需求是什麼？

A：注意標題中的隱藏要求，進一步發展創意空間。

這是一個空間計劃的設定問題，換成其它的題目，可能會有另外幾種的說法，譬如說：

一、除了題目本身所設定的機能能符合當地居民特質與需要的空間可能。

二、請在題目所設定的使用者活動特性外，另外提出，能有效維持人口數的空間使用機制。

三、請自行補充其它依據題目要求的有意義空間。

類似的題目說詞很多，但核心的重點，都是希望設計建築師能有更積極的建築計畫提案能力，清楚掌握建築內外使用者的正需求。而從前面那些題目文字來看，可以歸納出設定這個「加一」創意空間的重點，簡單講，就是符合使用者特性，可以解決使用者需求的機能。

這個題目，很多人在解題的時候，看到街區老舊了，符合題目的要求，就在基地裡加了「快樂農園」、「資源回收站」、「某慈善機構」，而忽略題目中隱藏的重點要求——「校園與居民共治」這句話，如果做設計的時候有看到這句，相信就不會產上面那些跟社區居民沒有直接關連的空間項目了。

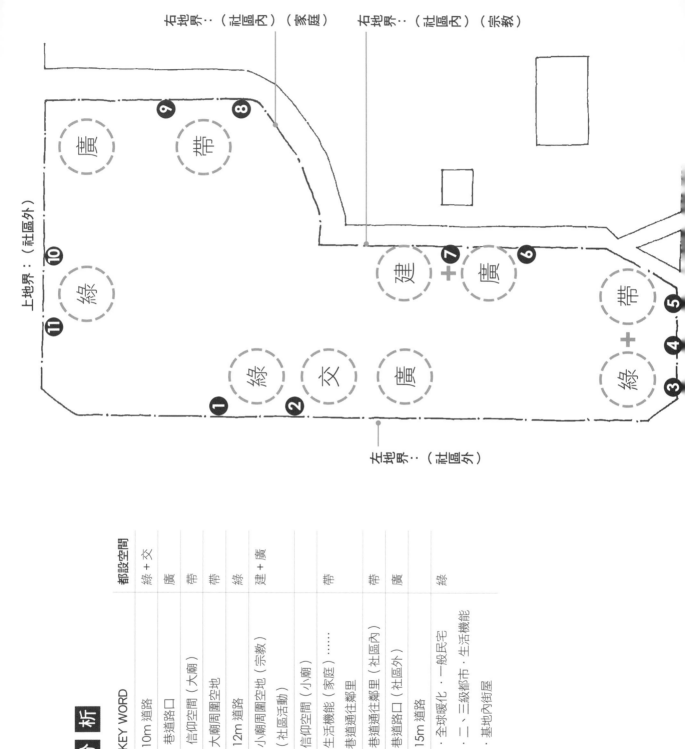

環境分析		KEY WORD	都設空間		
左地界	❶	10m 道路	綠＋交		
	❷	巷道路口	廣		
下地界	❸	信仰空間（大廟）	帶		
	❹	大廟周圍空地	帶		
	❺	12m 道路	綠		
右地界	❻	小廟周圍空地（宗教）（社區活動）	建＋廣		
	❼	信仰空間（小廟）			
	❽	生活機能（家庭）……		帶	
	❾	巷道通往鄰里（社區內）		帶	
上地界	❿	巷道路口（社區外）		廣	
	⓫	15m 道路			綠
計畫類		·全球暖化 ·一般民宅 ·二、三級都市 ·生活機能 ·基地內街屋			
關鍵字					

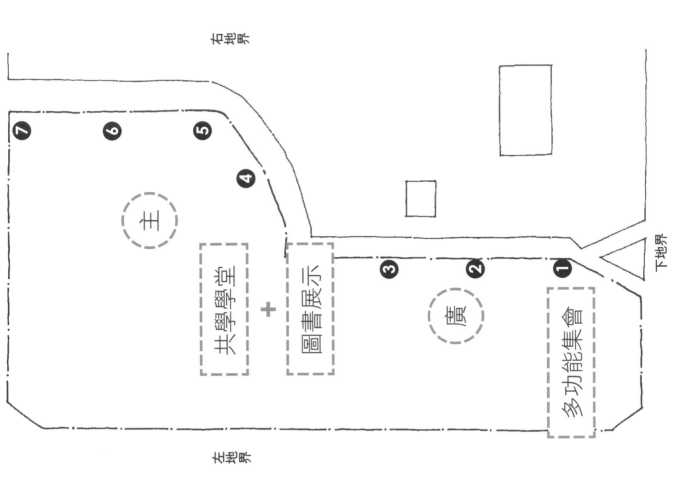

議 題 分 析

	都設空間	
		社區空間

	KEY WORD	
右地界	❶	不設圍牆
	❷	共同治理多功能集會室
	❸	校園開放←圖書、展示
	❹	空間安排考慮社區共用方便
	❺	公共通用空間接近地面
	❻	學校與家庭關係
	❼	少子化
		（共學學堂、圖書展示）
		「加一」空間

計畫類
· 緊湊都市，減少碳足跡
· 對基地周邊環境有正面效應：
  「加一」空間：
  社區共學學堂
· 公共 or 通用性質空間
  應接近地面層

關鍵字

右地界

主

共學學堂 ＋ 圖書展示

廣

多功能集會

下地界 左地界

100 年設計｜共生的兒童圖書館與鄰里公園的設計思考

 何謂「有序的空間系統」或「有意義的空間角色」？

A：這句話，其實是所有建築與空間創作設計的核心。

也就是說建築師的角色不是設計帥氣的建築結構構體，而是安排適當的使用者在空間中，產生有意義的活動。請回看前面章節「建築師的四個任務」就會明白本題的要求。

以本題來說，題目開頭就希望新的圖書館設計能達成「親子共學」的目的，所有在題目所要求的所有空間機能裡的「親子研習空間」應該是最重要的核心空間。而這樣的空間搭配可以強化這空間機能的閱覽室和遊戲室，就可以稱「有意義的空間」構成「有序的空間系統」。了解了吧！

建築師其實是空間的導演，要為每個空間設定適當的功能，抽象的說法就是空間的「角色」。而一整個建築物是由一大堆不同的空間所組成的，作為空間的導演，就需要讓空間角色（功能）根據他們的性質和相關性做「有序」地安排，才能發揮建築的最大功能。

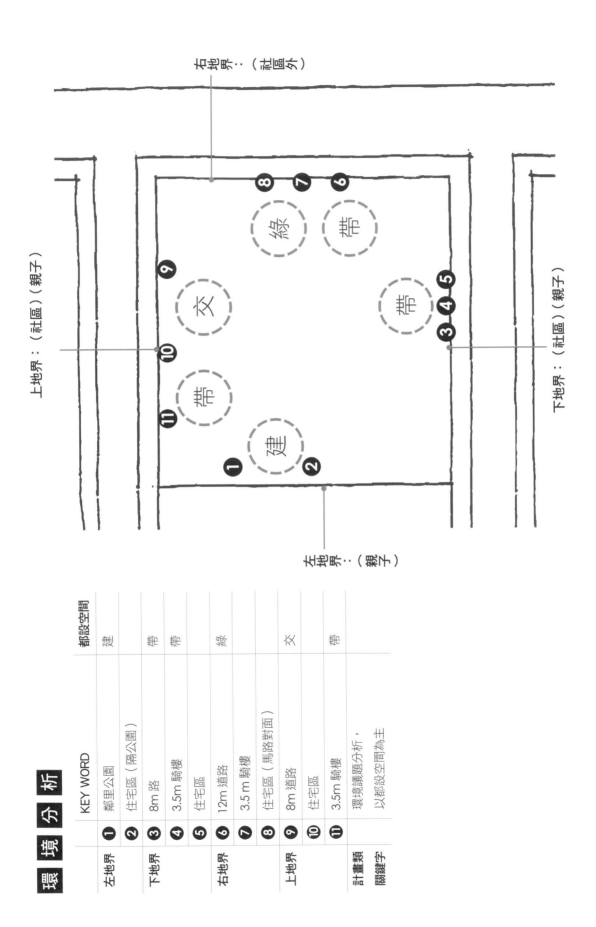

環 境 分 析

都設空間										
	建		帶	帶		綠			交	帶
KEY WORD	鄰里公園	住宅區（隔公園）	8m 路	3.5m 騎樓	住宅區	12m 道路	3.5 m 騎樓	住宅區（馬路對面）	8m 道路	住宅區	3.5m 騎樓
	❶	❷	❸	❹	❺	❻	❼	❽	❾	❿	⓫

左地界	❶ ❷
下地界	❸ ❹ ❺
右地界	❻ ❼ ❽
上地界	❾ ❿ ⓫
計畫類	環境議題分析，
關鍵字	以都設空間為主

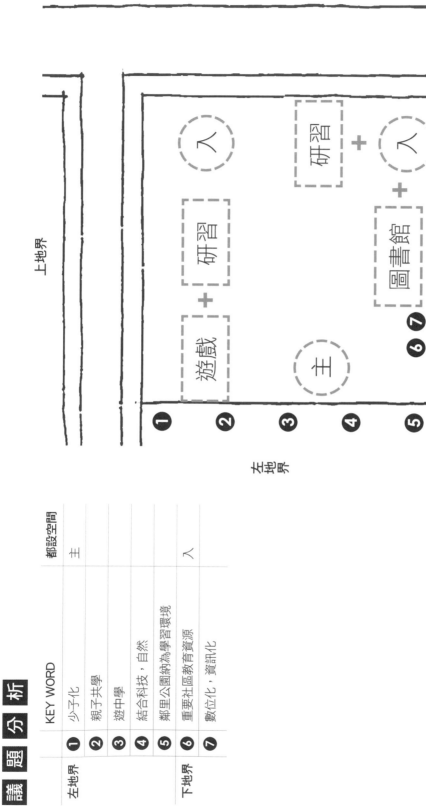

議 題 分 析

	KEY WORD	都設空間
左地界		主
❶	少子化	
❷	親子共學	
❸	遊中學	
❹	結合科技，自然	
❺	鄰里公園納為學習環境	
下地界		入
❻	重要社區教育資源	
❼	數位化，資訊化	

右地界

上地界

下地界

左地界

研習

入

遊戲 + 研習

主

圖書館 + 入

❻❼

❶ ❷ ❸ ❹ ❺

329

101 年設計｜歷史建築保存再利用與活動中心增建

Q 何謂「歷史建築的創意使用」？如何運用基地裡的既有建築、歷史建築既有設施？

A：歷史建物改變時空環境後的新任務，不會只是延續原有功能，最重要是切中業主當時的痛點。

建築這麼多了，做久了，對於創意這兩個字的詮釋，也很容易滲雜太多個人的見解和扭曲的思考，以為要想出所謂的偉大建築或大師建築一樣，有和自己生活週遭的普通建築完全不同的使用體驗和視覺風貌。如果你也這樣想，那不是壞事，但無論是考試設計或是就圖的快速設計提案，講究的是切中業主心中的痛點和真實環境中的特殊設計條件，這兩件事都不是要大家想像的創意，而是單純將設計者眼中所觀察、感受到的環境條件、運用空間的手法、畫面的視覺特色來呈現，甚至進一步提出進化的想法。

以 101 年設計「歷史建築保存再利用與活動中心增建」為例，存在於題目環境裡的最特殊空間特色是被整修完成的大跨距屋架的歷史建築。這個歷史建築的原有功能是當地的社區集會空間，因此充滿社區鄰里的回憶，如果新的機能不能放大這兩個特質，那就不是一個好的設計提案。也就是說，找出一個符合當地居民使用需求（中高齡居住人口），並且讓更多使用者，共同品味建築的美好屋架，是設計建築師的任務。

這個空間不能只是當地居民的集會空間，還必須有創新的使用，促使居民得到交流。答案可以是⋯⋯具有共餐交誼功能的「樂齡簡食共餐交誼空間」。

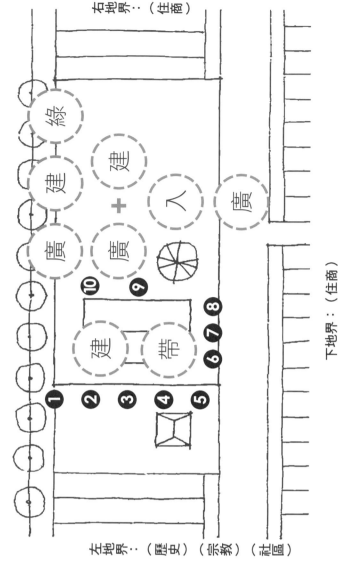

右地界：（住商）

上地界：（休閒）（生態）

下地界：（住商）

左地界：（歷史）（宗教）（社區）

環境分析

地界		KEY WORD	都設空間
左地界	❶	歷建出入口（歷建高 8w）	建
	❷	鋼桁架大跨構造屋頂　建	
	❸	歷史建築	建
	❹	廟前廣場（連結人群與活動）	人帶
	❺	廟	
下地界	❻	低樓層騎樓零售店舖住宅	人帶
	❼	大樹	人開
	❽	6M 巷巷口	人廣
右地界	❾	歷建簷廊	建
	❿	歷建出入口	人廣
上地界	⓫	河岸高差	建
	⓬	溪流（-5）	廣+綠
	⓭	河岸人行道（±0）	廣
	⓮	樹列	帶

議 題 分 析

議題		KEY WORD	都設空間
左地界	❶	居民使用之室內外活動空間	主
		與歷建再利用之空間使用計劃	
	❷	地方歷史，歷史建築	
	❸	完成修復	
	❹	提供居民聚會	
	❺	帶入創意活動與歷建空間結合	
	❻	歷史建築再利用為主體	歷建需保留
	❼	新建，歷建，周邊景觀計劃	
下地界	❽	舊市區	
	❾	低樓層騎樓零售店舖住宅	住商
	❿	公園，綠地，停車，	
		多用途空間不足	
	⓫	與當地社區居民特質所需之	多功能集會
		相關空間	
	⓬	老樹需保留	
		與居民特質相關空間	
右地界	⓭	多功能集會	住商
	⓮	公園，綠地，停車，	
		多用途空間不足	
	⓯	中高齡人口多	
上地界	⓰	提供居民休閒	休閒
計畫類			
關鍵字		·歷建與環境，	
		·人與空間之關係	
		·歷建與增建之構築細部	

Q 「開發基地做為城鄉環境的美好基因」，
這句話是什麼意思？重要嗎？如何在圖上呈現？

A：利用建築影響城鄉的未來，就是「基因」的意思。

這題的思考重點是，任何開發的行為可能是毀掉既有城市居住文化和記憶的怪獸。反過來講，透過一個基地重新開發的機會，也就是一個重新縫合城市紋理裂痕，延續城鄉記憶的好機會，而達到這目的方法就是用「都設空間」的手法串連整合，強化城市裡既有的公共性機構與空間。講到這裡，重點出現了，利用新的土地開發機會，優化環境品質，而這個影響，就可以說，這個基地的開發是影響城鄉環境的「美好基因」。

回頭來看，如何用設計的手法，達到「美好基因」的要求。首先，認定觀察基地周圍有什麼需要被建築師拯救的真實環境現況，以這題來看，最糟的地方是基地北方的狹窄巷道，你得用最大的範圍留設可以讓巷道變成美好社區步行廣場，讓基地內部的開放空間成串連北邊巷道與南邊古蹟的重要路徑。除了是路徑，同時也是附近居民停留並產生生活動的開放空間，這樣的社區共同活動空間，成為延續城鄉記憶的重要策略與空間機能。

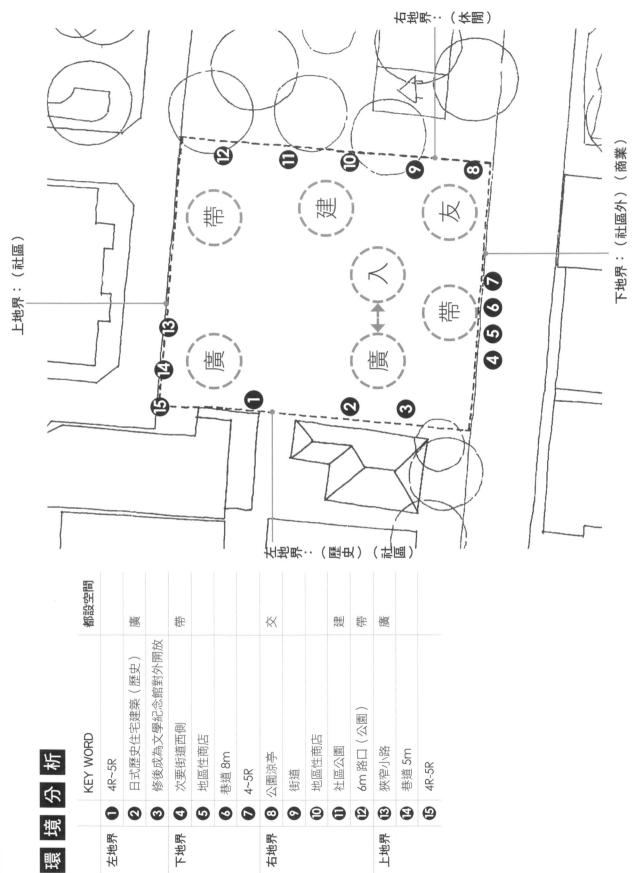

右地界‥（休閒）

下地界‥（社區外）（商業）

上地界‥（社區）

左地界‥（歷史）（社區）

		KEY WORD	都設空間
左地界	❶	4R~5R	
	❷	日式歷史住宅建築（歷史）	廣
	❸	修復後成為文學紀念館對外開放	
下地界	❹	次要街道西側	帶
	❺	地區性商店	
	❻	巷道 8m	
	❼	4~5R	
右地界	❽	公園涼亭	交
	❾	街道	
	❿	地區性商店	
	⓫	社區公園	建
	⓬	6m 路口（公園）	帶
上地界	⓭	狹窄小路	廣
	⓮	巷道 5m	
	⓯	4R-5R	

環 境 分 析

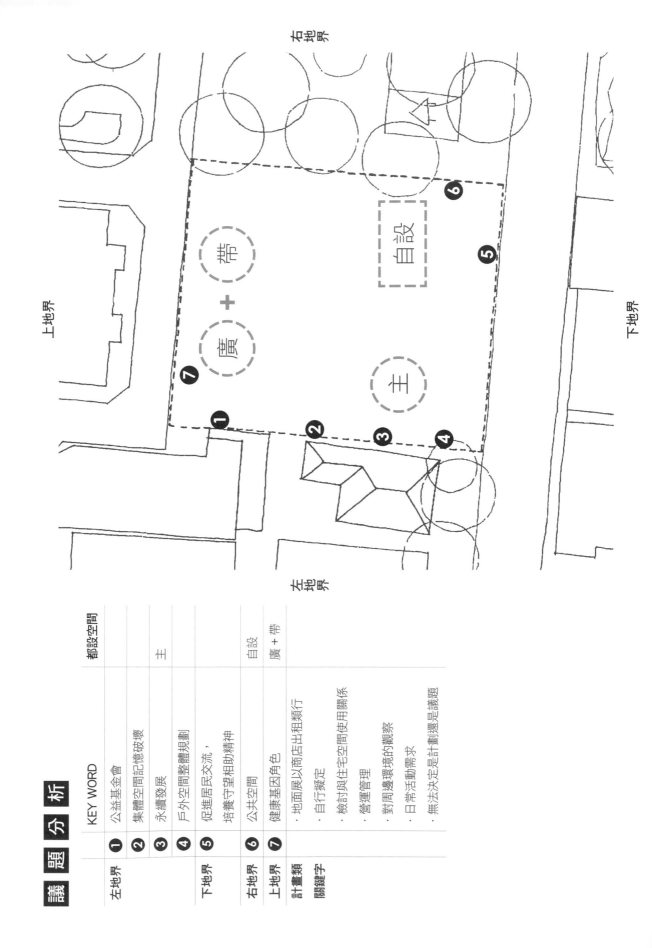

議 題 分 析

		KEY WORD		都設空間
左地界	❶	公益基金會		
	❷	集體空間記憶記破壞		
	❸	永續發展		主
	❹	戶外空間整體規劃		
下地界	❺	促進居民交流，培養守望相助精神		自設
右地界	❻	公共空間		
上地界	❼	健康基因角色		廣 + 帶

計畫類
- 地面展以商店出租類行
- 自行擬定
- 檢討與住宅空間使用關係
- 營運管理
- 對周邊環境的觀察
- 日常活動需求
- 無法決定是計畫還是議題

關鍵字

103 年設計 | 與鄰為善的建築師事務所

Q｜題目中提到很多建築師的社會責任，一個建築師事務所應該如何呈現這些很抽象的目的？

A：建築師應該透過空間的安排來改善社會。

請記住一件事，我們這些所謂的建築師、設計師，最重要的專業武器就是——空間，空間賦予適當的機能和空間構造物，就可以改造社會，促進人類文明進步。

也就是說，建築師的責任不是蓋帥氣的房子，炫耀自己的業務能力，而是透過安排空間的機能來福國利民。以本題來看，如果一位建築師想成文明的推手，那他得放置一個教育空間，讓更多人可以學習到更深度的文化內涵；如果一個建築師想要更深入社區鄰里，而不是一個賣弄國際現代建築樣式的建築繪圖師，那他得設置一個建築文化參與展演空間，讓更多的城鄉住民參與環境的進化與改造。

言歸於此，我們必須說，其實題本身很務實，抽不抽象思考的，旁觀的閱讀者，參與執行設計的人，得使用理性的視角，來思考建築設計的本質。

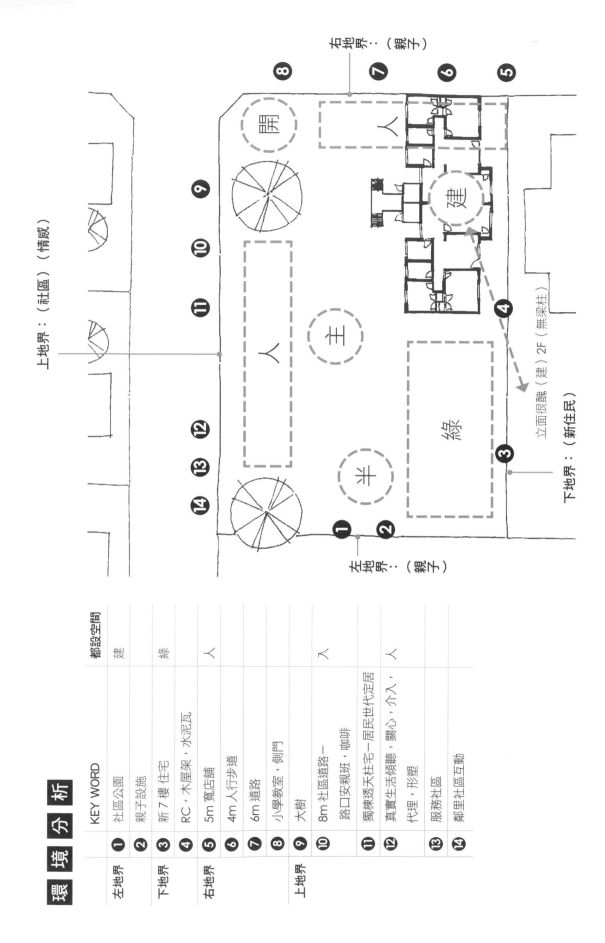

環 境 分 析

		KEY WORD	都設空間
左地界	❶	社區公園	建
	❷	親子設施	
下地界	❸	新7樓住宅	綠
	❹	RC，木屋架，水泥瓦	
右地界	❺	5m 寬店舖	人
	❻	4m 人行步道	
	❼	6m 道路	
	❽	小學教室，側門	
上地界	❾	大樹	人
	❿	8m 社區道路─ 路口安親班，咖啡	
	⓫	獨棟透天柱宅─居民世代定居	
	⓬	真實生活傾聽，關心，介入， 代理，形塑	人
	⓭	服務社區	
	⓮	鄰里社區互動	

上地界：（社區）（情感）

右地界：（親子）

左地界：（親子）

下地界：（新住民）

立面很醜（建）2F（無梁柱）

右地界

❽ ❼ ❻ ❺ ❹

教學

宣傳

❸

主

居民交流

❿ ❾

⓫

\+

作品展示

⓬

⓭

⓮

露天集會

❷

❶

上地界

左地界

下地界

議 題 分 析

	KEY WORD	都設空間
左地界 ❶	介入周圍環境經營	
下地界 ❷	鄰里互動（服務社區）	
右地界 ❸	舊建築再利用理由，構想	
❹	生活經驗豐富化 （建築計劃再重複要求）	
❺	引導鄰里生活環境	
❻	有效執行業務	
❼	社區建築教室	
❽	創意經營構想	
上地界 ❾	社區友善空間需求	主
❿	鄰里公共性機構連結機制	
⓫	公共、半公共社會互動機制	
⓬	服務社區	
⓭	鄰里互動	
⓮	社區建築顧問	

計畫類
關鍵字

真實生活傾聽、開心，
介入、代理、形塑：
· 社區友善互動
· 向社區開放
· 高度互動

104 年設計｜友善社區小學

Q 基地被分成很遠的兩塊，還要我們說明彼此的關聯，
在畫圖的時候，要如何思考並下筆？

A：利用不同功能的都市設計空間串聯不同位置的基地。

這是一個都市紋理的問題，在面對這類題目，要面看基地的視野，拉到可以看到整個城市的尺度，因為這樣的題目文字要求，不是單純要我們思考不同基地的關係，更是要用都市設計的手法，解析基地在整體城鄉環境中的角色與關係。

因而我們在設計上可以用的都市設計工具也很單純，就是各種不同功能的都市開放空間。這幾個都市設計開放包含：

一、可以作為節點的人本廣場開放空間。

二、可以作為路徑的人本帶狀開放空間。

三、可以阻隔不好環境條件，成為有保護效果的綠地邊界。

四、可以強調基地內設計特質、活動特性的「主題開放空間」。

五、比較構造性的半戶外空間，這空間提供了從戶外到室內的轉換空間。

回到題目本身，這個題目的基地，其實是一整個校園，其實是一整個校園，利用基地東側的步行空間（人本帶狀開放空間），串連校園南北端點的 A、B 基地（人本廣場式開放空間），在這個串連的過程中，會經歷校園中的不同區域，這些區域各有不同的特色、活動和使用者，我們可以用「主題開放空間」，來放大這些特色和活動，成為整個基地「友善周邊環境」的設計策略。

上地界：（社區外）
左地界：（社區外）
右地界：（社區）（交誼）（步行）
下地界：（社區）

① ② ③ ④ ⑤ ⑥ ⑦ ⑧ ⑨ ⑩ ⑪ ⑫ ⑬ ⑭ ⑮ ⑯ ⑰ ⑱ ⑲ ⑳ ㉑

（圖內標註：帶、綠、入、廣、歷建、+）

環境分析

		KEY WORD	都設空間
左地界	❶	退縮 3.5 m 人行道	帶
	❷	車流量大，噪音	帶 + 綠
	❸	14m 道路	入 + 帶 + 綠
下地界	❹	田徑場連結	帶
	❺	田徑場	歷建
	❻	退縮 3.5m 人行道	帶
	❼	8m 道路（社區）	帶
	❽	退縮 3.5m 人行道	
	❾	地下停車場入口… 連結（開）放空間	帶
	❿	綠地…連結	帶
	⓫	校園大門	廣
	⓬	行政大樓	帶
	⓭	8m 道路	帶
	⓮	建物高度<外牆距離	建
	⓯	退縮 3.5M 人行道	廣 + 歷建
上地界	⓰	教室	歷建
	⓱	梯間	帶
	⓲	空地延伸	帶
	⓳	田徑場連結	
	⓴	10m 道路	帶 + 綠
	㉑	退縮 3.5m 人行道	

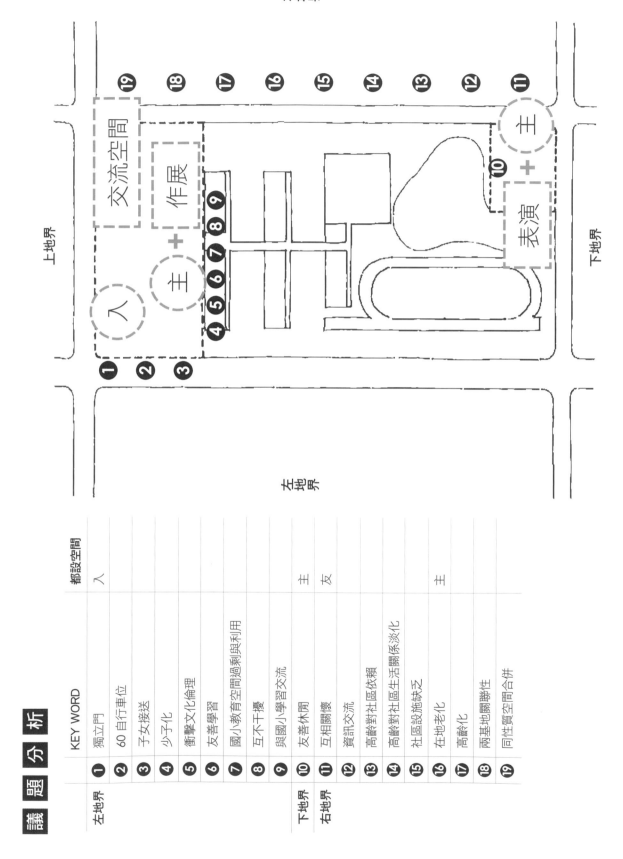

議題分析

		KEY WORD	都設空間
左地界	❶	獨立門	入
	❷	60自行車位	
	❸	子女接送	
	❹	少子化	
	❺	衝擊文化倫理	
	❻	友善學習	
	❼	國小教育空間過剩與利用	
	❽	互不干擾	
	❾	與國小學習交流	
下地界	❿	友善休閒	主
右地界	⓫	互相關懷	友
	⓬	資訊交流	
	⓭	高齡對社區依賴	
	⓮	高齡對社區生活關係淡化	
	⓯	社區設施缺乏	
	⓰	在地老化	主
	⓱	高齡化	
	⓲	兩基地關聯性	
	⓳	同性質空間合併	

105 年設計｜圖書館與社區服務中心

Q 最受歡迎的標準公共設施 "公共圖書館" ，
該如何跟老舊住宅社區結合？

A：圖書館不是單純的圖書閱覽，還可以結合居民生活。

就像大部人想要創業的時候，最沒創意的想法，就是開一間所謂的「文青咖啡館」，想要成為那個有氣質的咖啡師。現在那些縣市政府負責城鄉環境的偉大長官們，也喜歡裝潢、裝文青，這個現象也反應在考試題往往試題目上，開圖書館變成公共工程的熱門項目。但只是單純的圖書館，並不適合大部份像我一樣不愛讀書的普羅大眾，因此如何利用圖書館的延伸機能，來吸引民眾運用圖書館就是很重要的事。

就圖書館本身的既有機能和題目本身所提供的要求機能來看，有下面幾個可以延伸的構想可以運用，譬如，簡餐空間，可以延伸護老舊社區友誼維持情誼的共享餐館。基地旁邊有一間幼稚園，可以讓圖書閱覽空間，變成具有「親子共學」的親子閱讀與研習空間；圖書館本身的展示空間，題目本身沒有說明要展示什，而做 設計構想提案的我們則可以結合社區特色展示，社區二手書籍與生活市集的交流展示空間。

簡單講，就是要將當地居民需求特質與題目本身相關的空間結合，並透過戶外開放空間串連基地外部環境與內部室內機能空間，就能讓圖書館不是單純的圖書館，而可以吸引周圍居民進入基地產生互動的好設計。

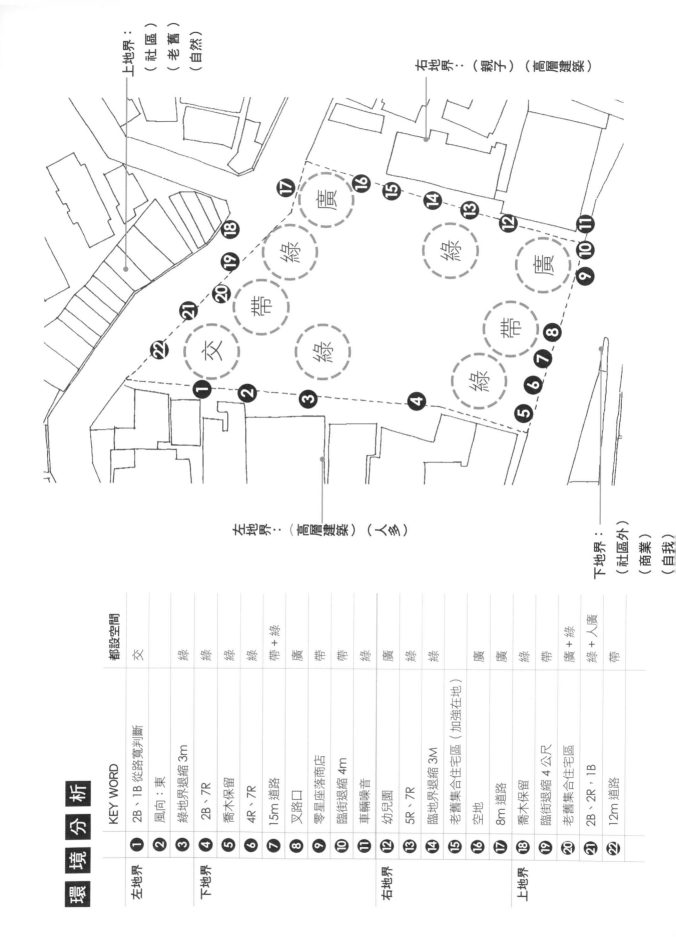

上地界：（社區）（老舊）（自然）

右地界：（親子）（高層建築）

左地界：（高層建築）（人多）

下地界：（社區外）（商業）（自我）

環 境 分 析

		KEY WORD	都設空間
左地界	❶	2B、1B 從路寬判斷	交
	❷	風向：東	
	❸	綠地界退縮 3m	綠
下地界	❹	2B、7R	綠
	❺	喬木保留	綠
	❻	4R、7R	綠
	❼	15m 道路	帶＋綠
	❽	叉路口	廣
	❾	零星座落商店	帶
	❿	臨街退縮 4m	帶
	⓫	車輛噪音	綠
右地界	⓬	幼兒園	廣
	⓭	5R、7R	綠
	⓮	臨地界退縮 3M	綠
	⓯	老舊集合住宅區（加強在地）	
	⓰	空地	廣
	⓱	8m 道路	廣
上地界	⓲	喬木保留	綠
	⓳	臨街退縮 4 公尺	帶
	⓴	老舊集合住宅區	廣＋綠
	㉑	2B、2R、1B	綠＋人廣
	㉒	12m 道路	帶

議題分析

		KEY WORD	都設空間
左地界	❶	空間留白	
	❷	人口城市化	
	❸	人口密度高	
下地界	❹	人口城市化（人多）	（圖書、展示）
	❺	人口密度高	
	❻	空間留白	（圖書）
右地界	❼	兒童戶外空間	
	❽	周遭界面處理	
上地界	❾	周遭界面處理	
	❿	注入空間活力改善老舊住宅區	
	⓫	老舊住宅區	主
	⓬	改善居住環境	

計畫類
關鍵字

・建築空間與開放空間延伸
・省能綠建築回應物理環境
・無障礙、兩性平權
・空間領域展後
・重視綠化保留喬木、五種戶外空間
・ex. 幼兒園，周末市集
・圖書館面積 > 70%
・注入空間活力、周遭界面處理
・詮釋居民日常活動與社區空間關係

106 年設計｜老街活動中心

Q 被拿來跳土風舞的土地公廟和人很多的傳統市場，誰比較重要？

A：不要忽略題目本身的設計目的，只看到周圍顯著、誇張的環境特色。

幾個在住宅區裡最容易看的「公共設施」標準配備：公園、停車場、小學、傳統市場、沿街騎樓、店舖、廟宇。這些公共設施都有他獨特的使用特性，會變成我們在做設計思考時考量的考量目標。而考量的指標可以簡單歸類成幾個項目。

一、人氣多寡
二、活動強度
三、開放強度
四、社區情感記憶濃度

在前面提到的五個常見的住宅區「公共設施」裡頭，人氣最多、活動最熱鬧，最需要被開放的便是傳統市場。如果今天我們的設計題目是服務社區的公共機構，我們便會希望基地的「入口開放空間」和主要的地面層「室內空間」，都能盡可能的往和傳統市場有關聯的地界接近，好讓基地內的空間設施可以發揮最大的效用。

但也要注意一下，如果題目的設定，是以靜態的活動性質為主，譬如說，圖書館、公益性弱勢服務機構，這些簡單不會吵鬧的設施，那我們在安排空間和空間序列的時候，得利用主題開放空間，和入口開放空間的分離，來達到吸引人潮，降低活動強度來符合空間的使用需求。

所以，最後結論，雖然在這動題的基地描述上，跳土風舞的土地公廟埕，很容易易讓我們以為他是重點，但可以服務更多人的市場，才是真正最重要的。

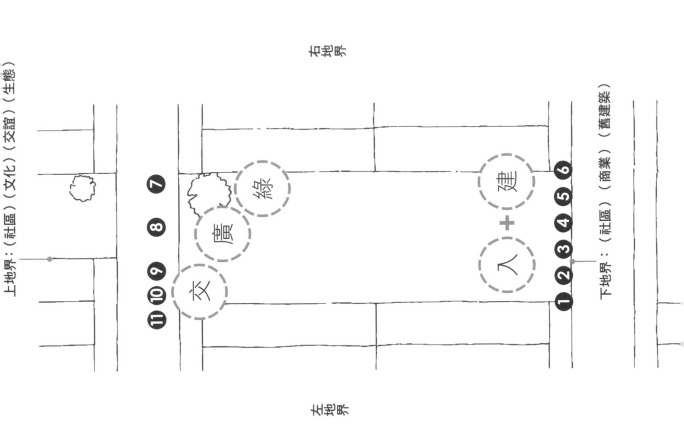

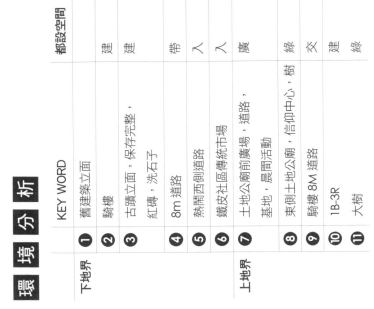

環境分析

上地界：(社區)(文化)(交誼)(生態)

下地界：(社區)(商業)(舊建築)

右地界

左地界

	KEY WORD	都設空間
下地界		
❶	舊建築立面	建
❷	騎樓	建
❸	古蹟立面，保存完整，紅磚，洗石子	帶
❹	8m道路	入
❺	熱鬧西側道路	入
❻	鐵皮社區傳統市場	廣
上地界		
❼	土地公廟前廣場，道路，基地，晨間活動	綠
❽	東側土地公廟，信仰中心，樹	交
❾	騎樓 8M 道路	建
❿	1B-3R	綠
⓫	大樹	

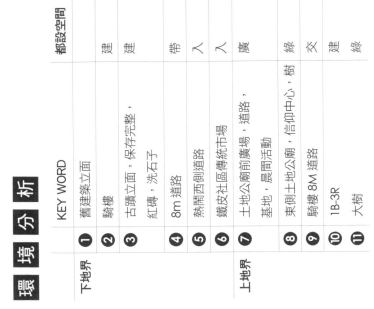

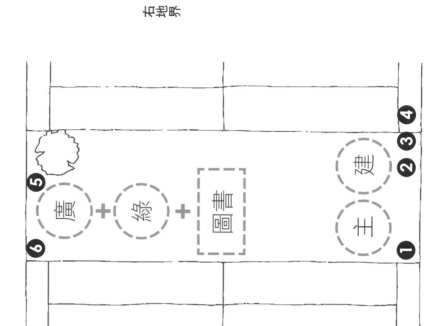

上地界　右地界　左地界　下地界

廣 ＋ 綠 ＋ 圖書　　主　建

❶ ❷ ❸ ❹ ❺ ❻

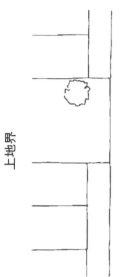

議題分析

	KEY WORD	都設空間
下地界		
❶	建築與空間創意	主＋建
❷	老街立面設計協調性	
❸	連接中斷的連續立面	
❹	老街立面設計原則，材量，顏色，量體	
上地界		
❺	基地人文，自然環境認知	廣＋綠
❻	回應人文，自然	

計畫類
· 空間定性定量

關鍵字
· 建築法規
· 設計課題，對策
· 對社會與環境的敏感度與責任感
· 回應基地內外條件
· 處理建築空間機能
· 市場，廟，活動中心三者關係
· 空間創意，合理性

107年設計 ｜ 社區運動中心設計

 基地附近有一大片圍牆，圍牆裡頭有重要的設計，做設計的時候該如何面對？

A：圍牆在現代空間所代表的意義就是：嚴格管理，很難開放。

如果題目裡的設計條件，讓你可以拆掉部分或全部，那你得重新思考基地與林地的開放與非開放關係，重新建立新的圍籬範圍，讓原有的管理需求可以適當保留，而留出更多「友善」環境的開放空間，讓環境覓「共生」。

如果題目設計的條件讓你不能更動造些圍籬，你該做的是，找出可以連接或將開放的出入口空間，對應這個出入口，在基地內留下最好的開放空間，延伸圍籬內重要機能的對外開放需求。

最好的面對方式就是細細品味題目中的每一句話，為每一句話想到適當有意義的空間去回應他，簡單講，就是文字分析要做得好，這樣才對待起自己的努力和出題老師的認真。

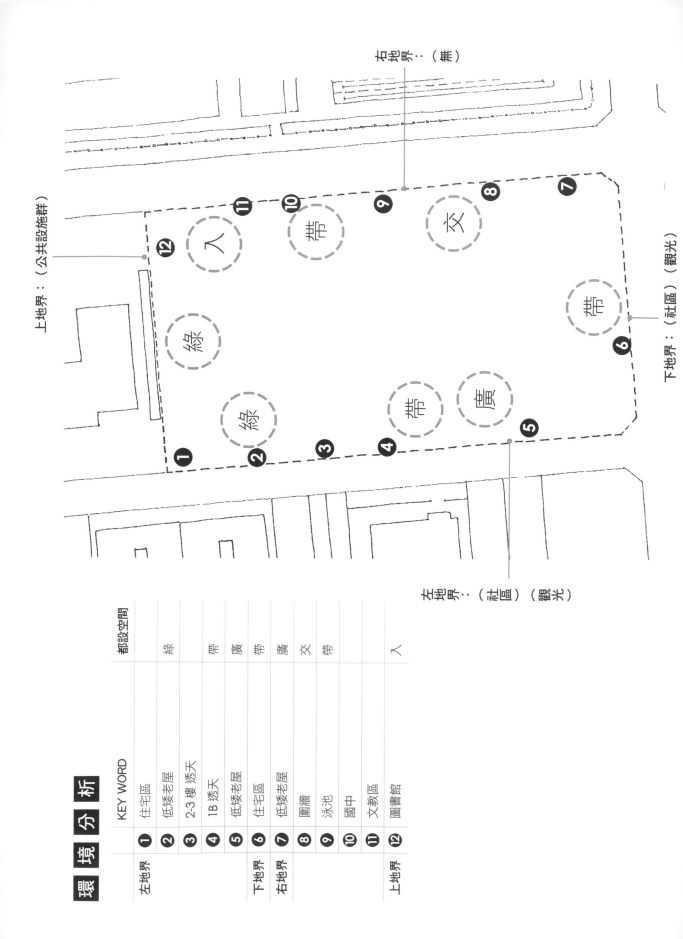

環 境 分 析

右地界…（無）

上地界：（公共設施群）

下地界：（社區）（觀光）

左地界…（社區）（觀光）

	都設空間
KEY WORD	
❶ 住宅區	綠
❷ 低矮老屋	
❸ 2-3樓透天	
❹ 1B透天	帶
❺ 低矮老屋	廣
❻ 住宅區	帶
❼ 低矮老屋	廣
❽ 圍牆	
❾ 泳池	交
❿ 國中	帶
⓫ 文教區	
⓬ 圖書館	入

左地界
下地界
右地界
上地界

議 題 分 析

	KEY WORD	都設空間
左地界 ❶	（5R 房）低房價	綠
❷	田園風光	
❸	少雨日照長	
❹	氣候宜人（夏季風）	
❺	青壯返鄉（透天） （觀光，餐廳）（精緻農業）	主
下地界 ❻	青壯返鄉（觀光，餐廳）	
右地界 ❼	國道巴士站不遠 （精緻農業）（透天）	
❽	提升全民運動風氣	
❾	提供專屬運動設備，場地	
❿	提供足夠運動場所 （公共性機構連結）	主

Q 基地內既有的建物，
做設計的時候該如何應付？

A：既有建築有沒有保存價值的思考。

思考一、這個既有建物有沒有保存價值？

通常一個題目在描述基地內既有建築時，會有兩種情況：

一種是鉅細靡遺講一大堆，說這個建築哪裡美，哪裡整修過，哪裡有美好的回憶等，遇到這種有複雜描述的題目，就代表這個既有建築拆不得，要盡量保留。另一種就是相反的狀況，沒有太多的描述，只是不小心在基地現況圖有畫出來，遇到這種題目就代表這個既有建築物只是不痛不癢的小咖，沒啥意義，拆了沒關係。

A：思考二、如何保存？

① 如果它有美好的屋架

那妳可以讓原有的室內空間變成半戶外空間，讓這個美好的屋架可以有更多沒關係的路人甲，可以親近體會。

② 如果它有美好的立面

讓這個美好的立面成為主題開放空間，或其他重要開放空間的漂亮背景，發揮這個美好立面的視覺價值。甚至設一個舞台，讓立面變成舞台的背景，用展演演述說空間的故事。

③ 如果這個空間有重要的記憶

那你得找一個有趣、有意義的空間去搭配這個空間記憶，讓新的空間生命可以延續這個重要記憶。

④ 如果這個空間是整體建築群重要的一部分

那你新增的空間得讓得好延續個有建築群的原有署名位理，才能征他律築群的原有機能。

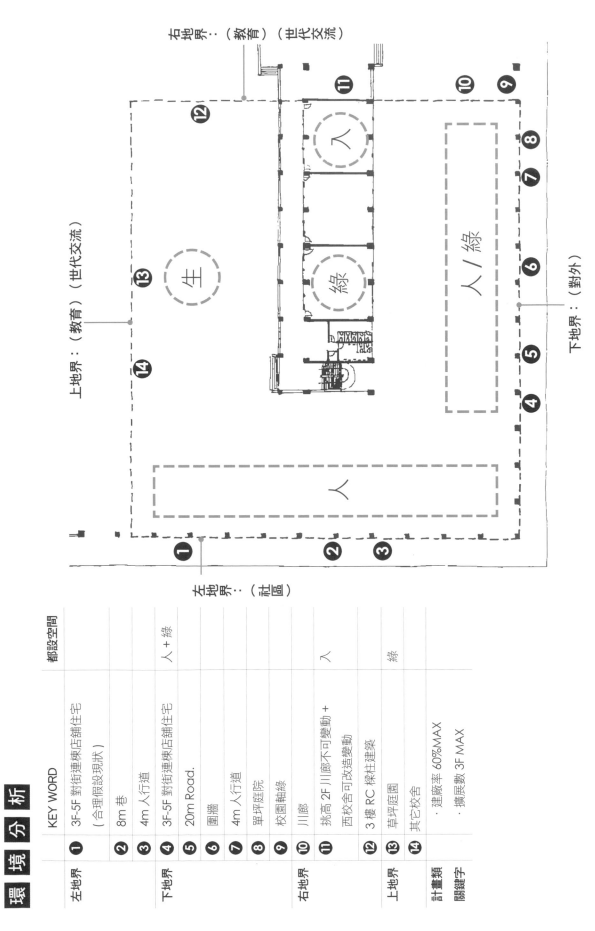

右地界：（教育）（世代交流）

上地界：（教育）（世代交流）

下地界：（對外）

左地界：（社區）

人　生　綠　人 / 綠

環 境 分 析

		都設空間	KEY WORD
左地界	❶		3F-5F 對街連棟店舖住宅（合理假設現狀）
	❷		8m 巷
	❸		4m 人行道
下地界	❹	人 + 綠	3F-5F 對街連棟店舖住宅
	❺		20m Road.
	❻		圍牆
	❼		4m 人行道
	❽		單坪庭院
	❾		校園軸綠
右地界	❿		川廊
	⓫	人	挑高 2F 川廊不可變動 + 西校舍可改造變動
	⓬	綠	3 樓 RC 樑柱建築
上地界	⓭		草坪庭園
	⓮		其它校舍
計畫類			· 建蔽率 60%MAX
關鍵字			· 擴展數 3F MAX

議 題 分 析

		KEY WORD	都設空間
左地界	❶	高齡化	入
	❷	多元照顧	
	❸	午間供餐	
	❹	關懷據點	
	❺	社友聯誼	
	❻	健康促進	
	❼	生活源頭	
	❽	社區意識凝聚	
下地界	❾	尊重個別性與自主性	
	❿	社論	
	⓫	日照	
	⓬	滿足身心靈需求	
	⓭	人性化空間	
	⓮	個別照護服務	
	⓯	福利、醫療資訊	
	⓰	志工空間	
	⓱	人力轉用（同21）	
	⓲	空間活用改善	
	⓳	老少扶持	
	⓴	國小學童交流互動	
右地界	22	閒置校舍空間	
	23	閒置校舍轉型活化	
	24	學習教室	
	25	文康娛樂	
	26	在校園接受多元訊息	

共餐空間

教室

諮詢、志工

入

上地界　下地界　左地界　右地界

97 年敷地計畫｜古蹟周邊住商更新

Q 古蹟周邊的基地，應該扮演什麼角色？
建築量體在規劃上要怎樣決定？

A：**建築物的量體規模得考慮周圍的鄰房條件。**

基地外的古蹟在使用上，有幾個簡單的原則，來回應他的存在對基地的影響。

第一個判斷原則是，他的使用性質，如果是宗教類的，通常不會有適當用機能可以去搭配使用，最好的對應策略，就是留設充足的人本廣場空間，去延續原有的文化活動。如果不是宗教類的古蹟，就可以把他當成地面層重要的空間之一去結合題目的重要地面層空間，一同形塑美好的主題開放空間。

另一個思考的面向，是古蹟的立面型式。如果這古蹟有美好的騎樓，則基地內無論建築量體的位置如何，都得產生一個延續的騎樓量體，去延續美好的騎樓紋理。如果這古蹟有美好的屋架構造和立面元素，那設計上要盡量保留視覺的展示用空間，讓空間的使用者，可以親近這些美好的建築視覺特色。

如果這古蹟有美好的屋頂天際線，基地內新增的建築量體，最好能有美好的屋頂天際線，基地內新增的建築量體，最好能成 沉默的背景或者古蹟很遠的次要角色，不要讓環境中新增的建築構造，壞了美好的城色天際景觀。

環境分析

右地界：（社區）（商業）

下地界：（文化）（商業）（生態）

上地界：（社區）（文化）

左地界：（社區）

	KEY WORD		都設空間
左地界	❶	朝側面	
	❷	古蹟量體	
下地界	❸	廟前廣場	綠
	❹	8m 路口	主 ＋ 入
	❺	公園	
	❻	文小	
	❼	15m 道路	
右地界	❽	住商區	建
	❾	8m 路口	廣
	❿	住宅區	文
	⓫	10m 路	綠
上地界	⓬	朝側門	廣
	⓭	住宅區	
	⓮	死巷	
	⓯	8m 路	

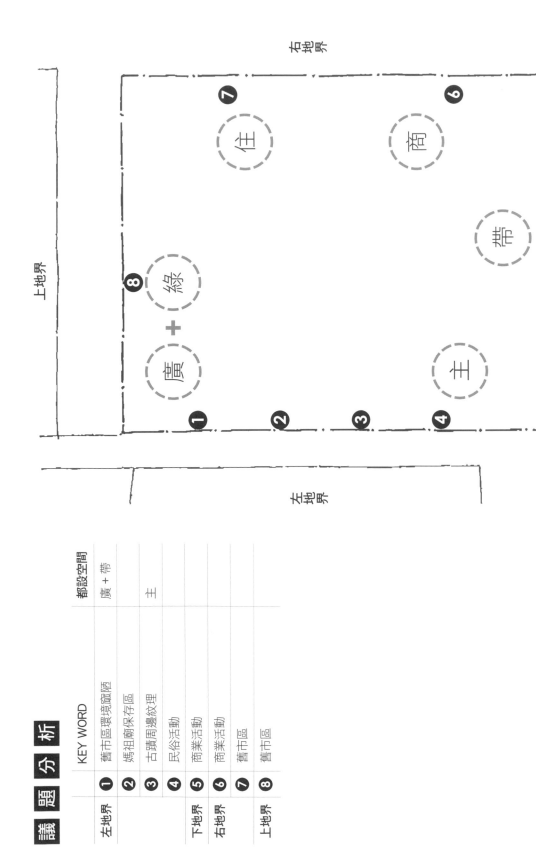

議 題 分 析

	KEY WORD	都設空間
左地界	❶ 舊市區環境窳陋	廣＋帶
	❷ 媽祖廟保存區	
	❸ 古蹟周邊紋理	主
	❹ 民俗活動	
下地界	❺ 商業活動	
右地界	❻ 商業活動	
	❼ 舊市區	
上地界	❽ 舊市區	

Q

大部份的題目都是一棟或兩棟建築，在基地內排列配置，但本題很像住設計一座小型的城市，該如何排列？

A：確實為空間分類，並進一步設定開放與管制的層級。

這分成兩個階段可以討論，第一個階段，你得在量體與空間計劃的時候，做好空間分類和整合，尤其是在這個講究永續經營的時代，如何讓一個單一的空間可以有多元的功能，是一個很好的設計策略，如果這個空間整合的工作做的好，自然配置上得處理的建築數量就可以初步簡化了。

第二階段，比較麻煩，要從配置著手，我們得先將空間分類出，對外開放要求高的空間，這類的空間可以結合「入口開放空間」；然後找出極需要管制的私密性空間，這些空間通常會跟基地內的綠化空間結合，讓綠地形成有安全感和包圍效果的軟性邊界；最後是介於需要開放和需要管理之間，同時需具備這兩種性質的空間，以這題來說就是社區集會室和小學，他們可以結合主題開放空間，成為轉換私密與密集開放的優良中介空間。

環境分析

		KEY WORD	都設空間
左地界	❶	臨河川高灘地	災＋生
	❷	地勢高	災＋建
右地界	❸	南端臨道路有一空土地廟	廣
	❹	地勢低	災＋建
	❺	南北向縣道	帶

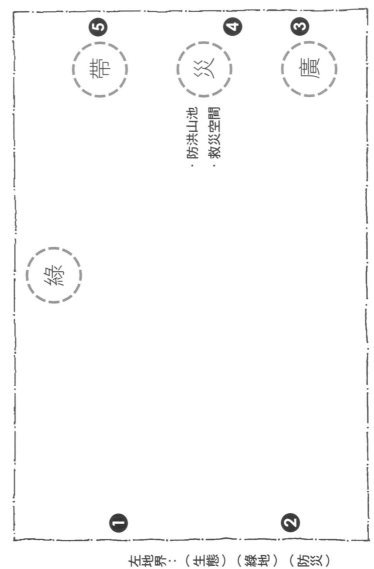

上地界：（無）

下地界：（無）

左地界：（生態）（綠地）（防災）

·防洪山池
·救災空間

議題分析

	KEY WORD	都設空間
左地界 ❶	原民部落與自然環境息息相關	
右地界 ❷	公共廚房，老人送餐	集會
❸	漢人農村生計與耕地不可分離	
❹	商店：社區招商，共同經營	作坊
上地界 ❺	私有芒果園，只需其中一部分	
計畫類	· 不同家庭類型	
關鍵字	· 依配置供縣府決定價購土地	
	· 剖面圖：表達空間關係與品質	
	· 漢人災區	

99 年敷地計畫｜研究園區之國小校園、幼稚園、社區活動中心及公園

Q 最重要的設計線索在大馬路對面，要怎樣應對？

該不該蓋一座陸橋連結道路兩側的基地？

A：橋是迷人的三度空間構造物，但不能每個設計都做橋。

先討論蓋橋的時機。三個明確思考方向，讓你在設計上破地界、串連有意義，但被區隔的數個不同區域：

一、被馬路或河流區隔的兩個區域，裡面的使用者，都是題目本身所要求的服務對象。以本題來說，題目文字提到蓋這個小學和幼稚園是了服務基地對面科學園區上班的人、解決子女就學問題，也就是說基地要服務的主要對象是大馬路對面的人，這樣子就符合被區隔的兩個區域的使用者一致的原則了。

二、不論是跨河，還是跨馬路，橋本身最大的特色是，他是一個「立體連通設施」，也就是，可以採三度空間發展。進一步說就是，他可以讓你的剖面，立面圖、透視圖，情境小透視，充滿空間想像。因此，如果你的設計在二樓高度的位置有充滿活動性、吸引人潮的空間，你可以透過空橋將人潮從別的地方串連過來。如果題目是有高低變化的基地，也可以用「橋」這樣的空間元素，轉換高低變化。

三、這個河流或馬路，很大很寬，而且現況沒有任何設施可以串連彼此。

環境分析

		KEY WORD	都設空間
左地界	❶	12m 道路	入
	❷	8m 路口	建
	❸	透天低密度社區	綠
下地界	❹	大型辦公園區區研究園區	建 + 入帶
	❺	地勢低	廣
	❻	無噪音研究園區	
右地界	❼	透天低密度社區連結另側	
	❽	8m 路口	生
	❾	12m 道路	
上地界	❿	穩定水位之河川	
	⓫	20m 河川	綠 + 帶
	⓬	15m 緩衝綠帶→ 因應極端氣候	
	⓭	地勢高 +8m	建

上地界：（生態）（自然）（休閒）

右地界：（社區）（交誼）

下地界：（親子）（教育）

左地界：（社區）（交誼）

	編號	KEY WORD	都設空間
左地界	❶	人與社會和諧	
下地界	❷	形塑園區與社區	
	❸	不設運動場	
	❹	歷史與未來發展和諧	
	❺	安置研究人員子女就學問題	教室
	❻	人行、自行車為主→汽機車禁入	
	❼	無噪音研究園區	
右地界	❽	人與社會和諧，形塑園區與社區居民和諧	
	❾	活動中心：促進社區融洽	
	❿	活動中心：促進民眾健康	
	⓫	活動中心：三代皆有空間	
上地界	⓬	因應極端氣候 15m 緩衝綠帶	
	⓭	人與自然和諧	公園
	⓮	公園：生態、休閒、養生	
計畫類		·民民和諧	
關鍵字		·生態、休閒、養生　·永續性友善環境規劃設計	

100 年敷地計畫 | 公園化設計

| 沒有建築要求的題目（甚至沒有機能），
要怎麼畫圖？

A：單純為周圍環境設定不同功能的開放空間。

從題目來看，這是一個很特別的題目，因為題目本身沒有提供停車空間以外的其它機能要求，可以說他是一個地面層層沒有構造物的建築設計題目。表面上的重點是存在於地下室的立體化停車場，但總不能要我們在配置圖紙上的主配置畫是地下室平面圖，畢竟設計的重點還是基地本身和周圍環境的關係，只畫地下室，這圖能看嗎？也因為主配置不能只是單純的表現地下室的停車場平面，而是地面層的配置，所以這個題目，可以把它想像成「100 年兒童圖書館旁的公園」或「103 年敷地三代同堂」集合住宅南邊的綠地。

這些空地都是設計範圍內要畫配置，但不能放入建築物的題目。設計的策略上並不難，以主題開放空間、入口開放空間、人本開放空間為主要的空間區域，將它們置入這些不能放地面層建築的基地裡。

利用這幾個開放空間精確對應基地周邊的環境條件。這些重點空間安排好後，剩下的區域再依照景觀設計的原則，置入相對應的植栽系統、鋪面系統，就可以停筆收工了。

363

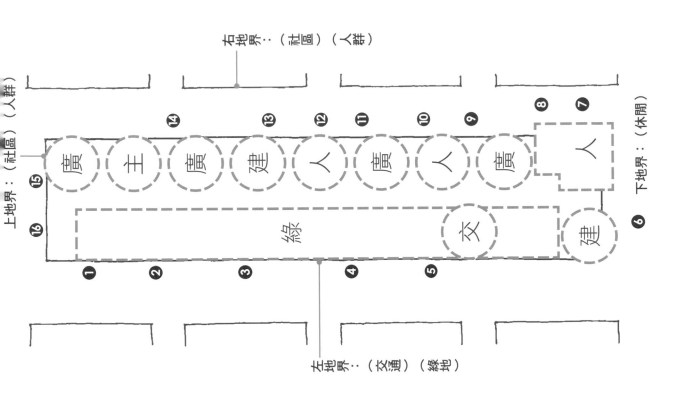

環境分析

	KEY WORD	都設空間
左地界 ❶	40m 道路＋15m 道路	
❷	停車場做為公共性開放設施	
❸	改為地下二層停車場	
❹	提昇停車場空間品質	
❺	15m＋40m 道路	
下地界 ❻	綠地	
右地界 ❼	公共性指標意義	
❽	停車場及公園使用立體化	
❾	欠缺廣場空間及公園	
❿	居民參與	
⓫	商業活動熱絡	
⓬	人口稠密（路小）	
⓭	8m 道路路口	
⓮	12m 道路	
上地界 ⓯	死路	
⓰	12m 道路	

Q | 基地中山坡地地形的高差很多，畫平面圖的時候，要像施工圖一樣，畫出每一個高程的平面嗎？

A：不用規劃出不同的高程的平面，將入口或前方區域視為高程標準即可。

曾經看過一張這題的練習大圖，圖紙上有一大片黑壓壓的區域，我們作者，畫了一大個看不懂的東西，他回應我，他是用正確的平面圖學求畫圖，地面層抬高 150cm 的平面圖的剖面高度，因此基地較高的部分是自然覆土，所有圖面上有一大片土壤的 hatch。此時我眼前飛過三隻烏鴉，很不好意思回他我內心的話。而我這句內心話是這樣的：「建築設計，考驗建築師的設計概念提案能力。圖學性質的問題留給施工圖去解決吧！」

因為這樣，麻煩各位準建築師，做設計的時候，要呈現的是你的想法而不是你的功力。

加上考試制度年年調、年年變，你沒有太多時間讓閱卷老師仔細研究你圖面中的圖學問題，所以在設計繪圖階段，找主要配置、畫清楚是最重要的項目。

所以這樣有豐富高度變化的題目，在畫地層配置圖時，我們可以將基地內的每一棟建築的地面層當入口、前方的區域視為基準高程，如果基地內有很多建築，就會有很多 GL ±0 的區域，其它不是 ±0 的區域就是轉換高程的區域，然後你就可以讓整張圖都是美好的地層了。

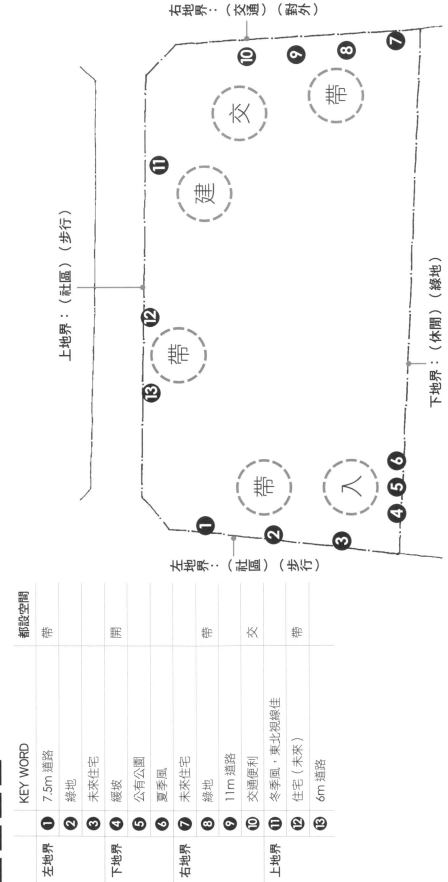

環 境 分 析

		KEY WORD	都設空間
左地界	❶	7.5m 道路	帶
	❷	綠地	
	❸	未來住宅	
下地界	❹	緩坡	開
	❺	公有公園	
	❻	夏季風	
右地界	❼	未來住宅	帶
	❽	綠地	
	❾	11m 道路	
	❿	交通便利	交
上地界	⓫	冬季風，東北視線佳	
	⓬	住宅（未來）	帶
	⓭	6m 道路	

議 題 分 析

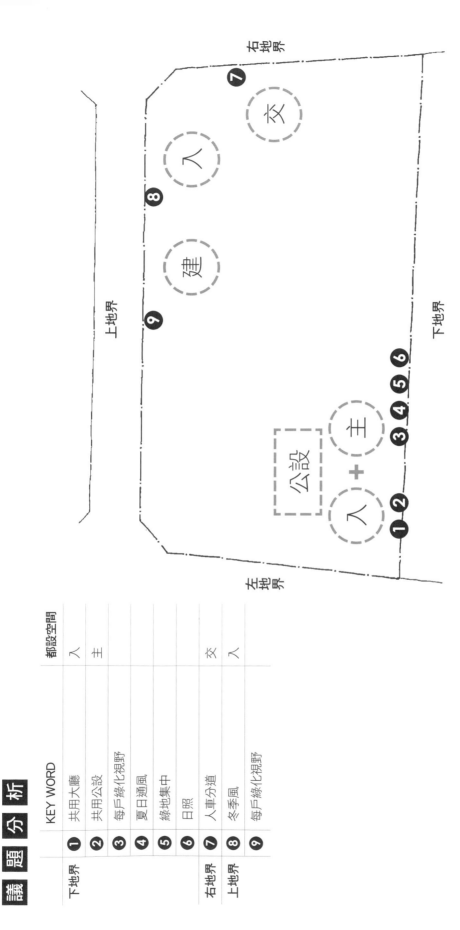

	KEY WORD	都設空間
下地界	❶ 共用大廳	入
	❷ 共用公設	主
	❸ 每戶綠化視野	
	❹ 夏日通風	
	❺ 綠地集中	
	❻ 日照	
右地界	❼ 人車分道	交
上地界	❽ 冬季風	入
	❾ 每戶綠化視野	

102 年敷地計畫｜賞鳥公園教育中心規劃

Q 哪一種主題開放空間，
是不能有「活動」的設計？

A：有些活動只適合給動物使用，所以不能有「活動」。

從我有考古題記憶以來，大部份的題目，都是在服務「人」，不管是社區裡居民、社區外的城鄉居民，需要被關懷的弱勢族群，一切的設計都是設計給人去使用和被服務。也因此，每個設計的主題開放空間，都是跟人有關的活動空間，希望盡量吸引更多的人，進到基地，參與基地內的活動。但到了民國 102 年，這個不變的定律被打破了。設計故事的主角，變成生態保護區裡被保護的動物植物。

題目進一步要求，人類的動物要盡可能減少，對環境的擾動，以這樣的要求來看，影響最大的會是基地裡的主題開放空間，因做為建築師的各位，很少有機會研究動、植物在主題開放空間裡會有什麼活動。正確講應該是沒有活動。所以這個主題開放空間的型態，應該是一個維持原有自然環境最成功的區域，然後在這區域的周圍，去包圍這個美好的自然環境。

至於，要讓遊客可以有休閒的場所，請你在基地周圍找一個離自然環境最遠、最不會影響的地方，設一個入口開放空間，然後這個開放空間和別的正常題目不一樣，要盡可能藏在建築物後面，這樣的配置，就算減少對環境的擾動，也解決遊客休閒上的需求了。

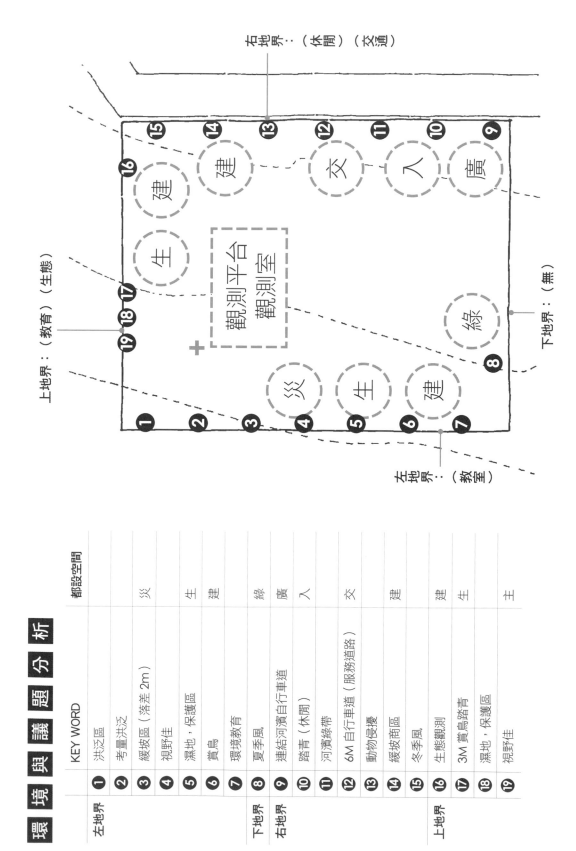

右地界：（休閒）（交通）

上地界：（教育）（生態）

下地界：（無）

左地界：（教室）

觀測平台
觀測室

環境與議題分析

	KEY WORD	都設空間
左地界		
❶	洪泛區	
❷	考量洪泛	
❸	緩坡區（落差 2m）	災
❹	視野佳	
❺	濕地，保護區	生
❻	賞鳥	建
❼	環境教育	
下地界		
❽	夏季風	綠
右地界		
❾	連結河濱自行車道	廣
❿	踏青（休閒）	入
⓫	河濱綠帶	
⓬	6M 自行車道（服務道路）	交
⓭	動物侵擾	建
⓮	緩坡商區	
⓯	冬季風	
上地界		
⓰	生態觀測	建
⓱	3M 賞鳥踏青	生
⓲	濕地，保護區	
⓳	視野佳	主

103 年敷地計畫｜三代同堂高層住宅設計

 基地的文字說明中，關於環境描述包含了離基地很遙遠
的一堆公共設施，要怎樣去表示或說明關係？

A：每個基地都有它存在於城鄉環境中的角色，用開放空間的手法來定義這個角色。

這個角色和他的位置和大小範圍有很大的關係。也就是說做設計除了不能只管基地內的空間排列，不能只友善善基地周邊
的環境，更要處理這個基地所扮演的角色，和這個角色該有的型態。

以 103 年敷地計畫的題目內容來看，題目提到離基地不同路程的遠處，不同的方向有不同功能的機構、建築。這些設施空間
可以透過河川川旁的綠帶路徑做為串連，而設計基地位於其中一個綠地旁邊，再加上有一條主要交通要道位於一旁，讓基地形
成串連基地周圍所有重要機構的樞紐，這樣的樞扭空間最適合的空間型態，就是可以「友善周圍小環境」的人本廣場開放空
間，讓城市裡的相關居民，都可以透過留設在基地內的美好開放空間轉換到其它地方。

至於如何在大圖上表現這樣的空間關係？其實很簡單，就是當你往基地環境分析時，記得把分析範圍擴張到最大的範圍，然
後善用各種不同的箭頭條件，指向各個空間，說明他們的關聯性。

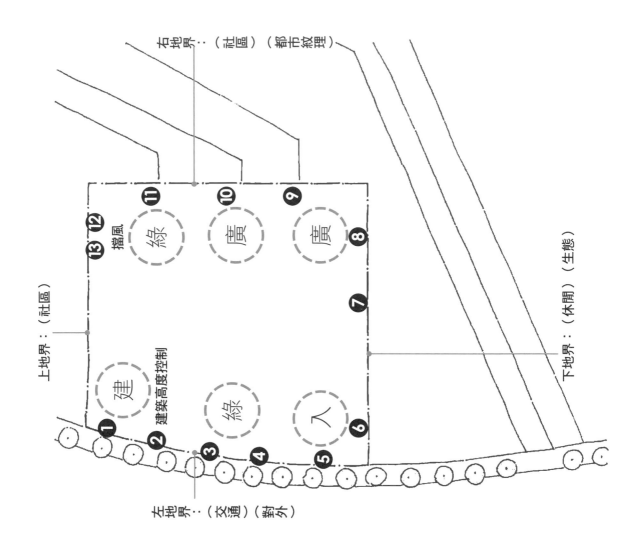

右地界：（社區）（都市紋理）

左地界：（交通）（對外）

上地界：（社區）

下地界：（休閒）（生態）

擋風

綠

廣

廣

建築高度控制

建

綠

入

環境分析

		KEY WORD		都設空間
左地界	❶	6~10F 高層建物		建
	❷	18m 道路		
	❸	32m 道路		綠
	❹	中學大型公園		
	❺	捷運站		入
下地界	❻	夏季風		
	❼	綠帶		廣
	❽	5m 河川，地勢低易淹水		
右地界	❾	商場、小學、機關		廣
	❿	既成巷道		
	⓫	3~4F 獨立低矮建築		綠
上地界	⓬	冬季風		
	⓭	地勢高		

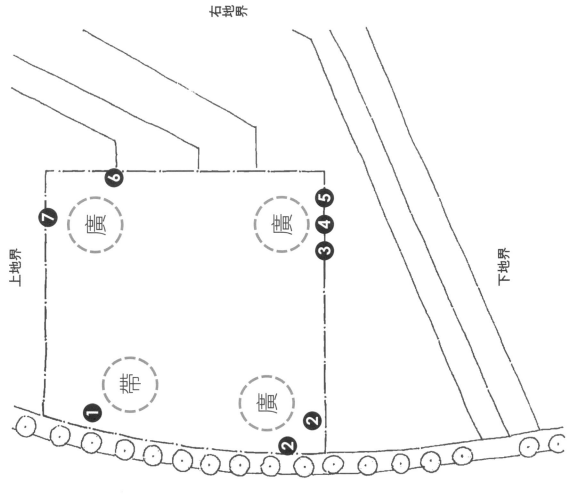

議 題 分 析

		KEY WORD	都設空間
左地界	❶	認養人行道	帶
	❷	公共性機構聯絡	廣
下地界	❸	同時規劃綠地 B	廣
	❹	提出綠地 A、C 構想（簡單維護）	
	❺	認養綠地 B	
右地界	❻	友善周圍環境	廣
上地界	❼	老年化社會（低矮舊社區）	

Q 基地周圍的設計線索，只有兩條一樣寬的道路和滿滿的森林，要怎樣產生設計的重點區域？

A：設計的鐵則：從公共到私密，從戶外到半戶外。

撇開基地中的兩棵既有大喬木不管，如果整個基地光光凸凸的只剩四個地界，地界又只有馬路和樹林，那該如何安排基地內的配置？

遇到這問題的時候，就要回到 100 年設計的題目設計要求，找出空間的角色並且排列出有序的空間組織。這時候就又產生新的問題，什麼是有序的空間組織？這時候大家可以去認真翻翻題目，很多設計題目都有一個簡單的設計要求，簡單來說，「從公共到私密」、「從戶外到半戶外再到室內」。這些說說起來不痛不癢的描述，其實就是我們做設計的鐵律。

也就是說如果基地環境沒有明顯的設計特徵或線索，我們可以自行假設基地周圍最有可能是入口開放空間的地方，和基地中可能是最重要主題開放空間的位置，然後從入口開放空間安排出一系列的空間，其中包含主題開放空間、有趣的半戶外空間、建築物的入口空間，重要的室內空間，到最後還有一個最不重要的停車空間。這樣就完成一個有邏輯的配置序列。也就是說，如果基地周圍有一條很長的馬路，你可以自行設定這條馬路，哪個區段適合當入口、哪個區段遠離人羣，可以當停車空間或入口。設定好之後，就可以一直順順的一路排列到空間做到底。

373

環境分析

右地界…（友誼）

上地界：（外部人士）

下地界：（休閒）

左地界…（交通）

樹林

樹林

教學

主

入

交

		KEY WORD	都設空間
左地界	❶	樹林	建
	❷	12m道路……短	交
下地界	❸	風景優美…同上	建
	❹	坡地…低…同上	建
右地界	❺	樹林	建
	❻	大樹	主
下地界	❼	樹林	建
	❽	坡地…高	
	❾	12m道路…長 （屋頂平台運用）	建
	❿	風景優美（高處） （外部人士）	入

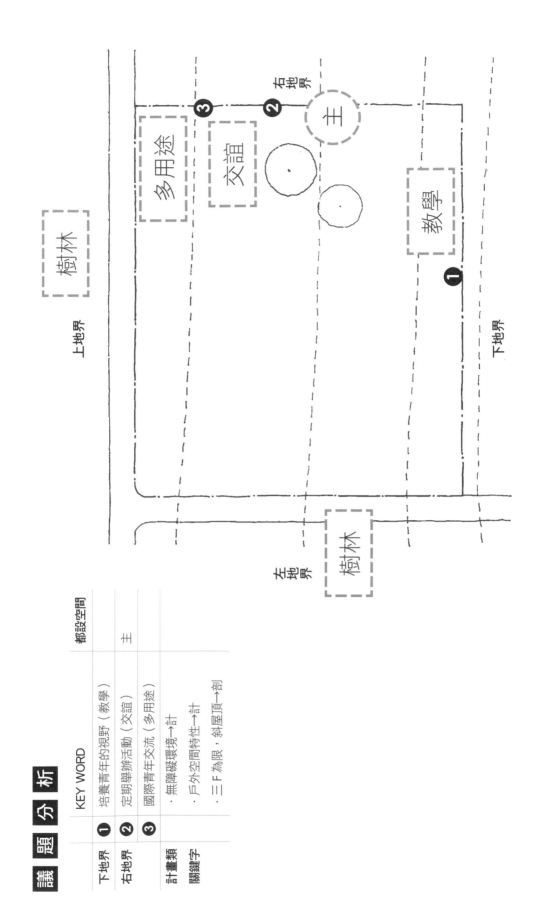

議 題 分 析

	KEY WORD	都設空間
下地界 ❶	培養青年的視野（教學）	
右地界 ❷	定期舉辦活動（交誼）	主
❸	國際青年交流（多用途）	

計畫類

關鍵字
・無障礙環境→計
・戶外空間特性→計
・三 F 為限，斜屋頂→剖

106 年敷地計畫｜社區樂齡學院

Q | 沒有標示入口、
圍牆的校園很重要嗎？

A：不是所有人都需要被校園服務。

校園的情況，要區分成兩個方向來處理。第一個是設計基地內的建築機能，和校園教育機能能合併使用的可能性。以 106 年敷地計劃來看，題目是服務社區內的中高齡人看，比較少學習形態的空間，以友誼與健康為主，也就是說，學校在基地旁邊，他最大的存在價值是「必須要被連結的公共機構之一」，不是什麼覺得認真思考如何與設計基地友善結合的項目。

第二個思考方向：基地是面向校園的什麼地方。很多時候是校園的出入口大門或側門，如果有這個設計影響條件，那代表基地的規劃裡，需要包含一個可以友善對應的「節點」──廣場空間。有的時候面對的是校園的圍牆，這情況無論圍牆裡的空間有多重要，他都是一片圍牆，一片區隔內外具有管理性能的圍牆，這時候在思考設計的你不用花太多心思去處理他，因這片圍牆並不會帶來人潮和活動。

但是本題最有趣的地方是，在基地圖上，他沒有出入口、沒有圍牆，只有文字，這代表你的設計要針對周圍的公共性機構做有效的「連結」就好，不要花太多力氣，在「校園」這件事上。

右地界：（兩代）（教育）

上地界：（社區人潮）

下地界：（休閒）（防災）

左地界：（社區外）

環 境 分 析

		KEY WORD	都設空間
上地界	❶	20m道路	交＋入
	❷	地勢低(±0)	建
	❸	淹水	建
	❹	綠地	廣＋歷建
	❺	12m道路	交
右地界	❻	國小	廣
上地界	❼	老樹，遮陰休閒場所	廣
	❽	傳統市場	廣
	❾	地勢＋0.5n	建
	❿	12m道路	帶

議題分析

	KEY WORD	都設空間
左地界	❶ 舊社區	
	❷ 人車動線	
	❸ 綠美化	
	❹ 淹水	
	❺ 淹水	
右地界	❻ 娛樂	
上地界	❼ 學習（閱覽）	
	❽ 老樹遮陰、休閒	
	❾ 交流（公共餐廳＋廚房）	
	❿ 餐廳	
	⓫ 舊社區	
計畫類	·舒適　·安全	
關鍵字	·衛生 ·順應物理環境——日照、通風、採光、噪音	

Q 基地形狀很奇怪、又有一堆既有大樹，要如何下筆做設計？

A：為每個地界設定性質，根據性質配對空間。

這個題目在當年考完試後，讓很多人入第一時間私訊我，瘋狂的說：阿傑的設計策略被看破，出題老師故意針對阿傑出怪題目。我必須說，我們做做慣考古題，從來沒有機會拿最新的題目先在家練習，再上場應考，有這種感覺是正常的。遇到這種超級多邊形的題目，用讀書會的解題原則，一樣可以為自己找到符合台灣設計文化的最佳解題策略。

首先，這個題目的服務對象，是文化產業的工作者，也就是說設計的重點不會是周邊基地的居民，而是透過捷運與水岸自行車道，返到到基地周邊的「整個城市」，甚至「整個國家」，所有對文化產業有興的民眾，也因為如此，配置的發展，會盡可能靠近捷運建設施、水岸自行道，既有古蹟建築，也就是說，基地左側、形狀特異，又種滿大樹的區域，其實只要做「生態環境」的原狀保留或為了建築「調整高木位置」，就很容易回應出題老師對應考者的設計要求。

右地界：（城市）（對外）

上地界：（休閒）（生態）

下地界：（文創）

左地界：（周圍社區）（生態）

環境分析

地界		KEY WORD	都設空間
左地界	❶	8M 巷道口	
	❷	高樓層建築	
	❸	8M 道路	帶
	❹	4R 建築	帶
下地界	❺	12M 道路	
	❻	大樹	廣
	❼	既有歷建	入
右地界	❽	16M 道路	入
	❾	捷運出入口	帶
	❿	12R-15R 建築	帶
	⓫	12M 道路	入
	⓬	捷運站出入口	入＋生
	⓭	大樹	帶
	⓮	12M 道路	廣
	⓯	人行道	廣
	⓰	綠帶	廣
	⓱	自行車道…	廣
	⓲	河岸綠帶	廣
	⓳	綠帶路口	
上地界	⓴	主量體 10-15R 建築	建
	㉑	大樹	生

議 題 分 析

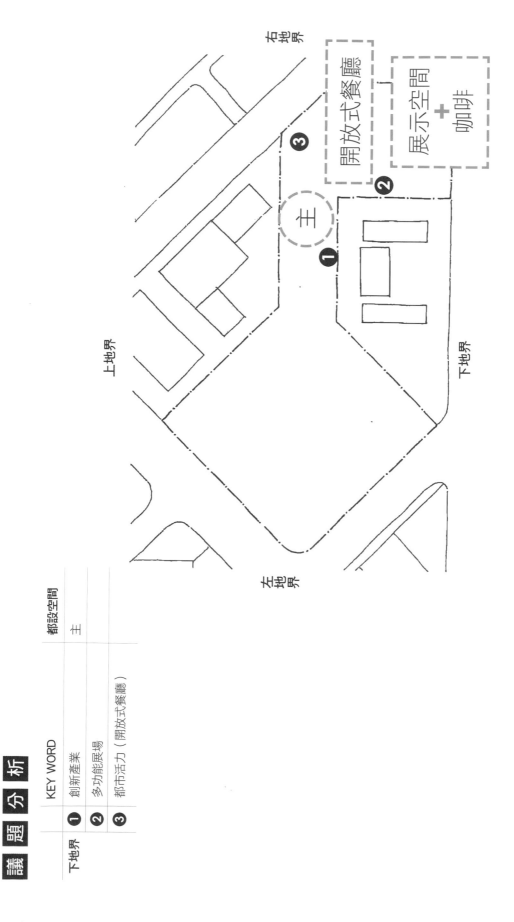

都設空間
主

KEY WORD

下地界

❶ 創新產業

❷ 多功能展場

❸ 都市活力（開放式餐廳）

右地界

開放式餐廳

展示空間
＋
咖啡

❸

主

❷

❶

上地界

下地界

左地界

108 年敷地計畫 | 新住民文化交流中心

 基地周圍的社區和社區以外的人，誰比較重要？

A：如果是服務特定對象的題目，通常不會只服務特定範圍的人。

這是每個個題目在閱讀題目文字最初階段的判斷重點。到底一個題目所設定的服務對象是基地周圍的居民，還是周圍以外的整個城市居民，是一個最基本的設定，通常也是影響設計成果最關鍵的第一步。

回頭想想，這題的題目是「新住民文化交流中心」。這樣的題目所服務的對象，在基地的周邊區域是否是主要的組成群眾？又或者題目的建築完成後，如果要能夠持續營運，他的使用者是否要擴大到整個城市的「新住民」，而不僅只是基地周邊的社區居民？當我們對題目提出這樣的反思之後，這題設計的初步使用者設定，就呼之欲出了。

沒錯，我想大家的想法是一致的，這樣的題目，如果要維持基本的營運能量發揮最大的建築運用效果，那服務對象勢必得擴大到整個城市的「新住民」。相對比 103 年敷地計畫的「三代同堂高齡集合住宅」來比較，103 年敷地的地面層空間設施，服務既有舊有社區居民的要求，就遠大過 108 年敷地計畫的社區性設定。

環境分析

右地界：（社區）

上地界：（社區）

左地界：（交通）（社區）

下地界：（休閒）（親子）（對外）

		KEY WORD	都設空間
左地界	❶	6M 道路	帶
	❷	4R~7R	廣
下地界	❸	6M 巷道	帶
	❹	2M 道路	入
	❺	40M 軟寬道路	入
	❻	季風 12R	
	❼	9M 巷道	帶
	❽	三角形社區公園	廣
右地界	❾	四、五層老舊公寓	廣
	❿	4R（同上）	廣
上地界	⓫	4R~5R	廣
	⓬	對側，四五層老舊公園	廣
	⓭	6M 巷道	帶

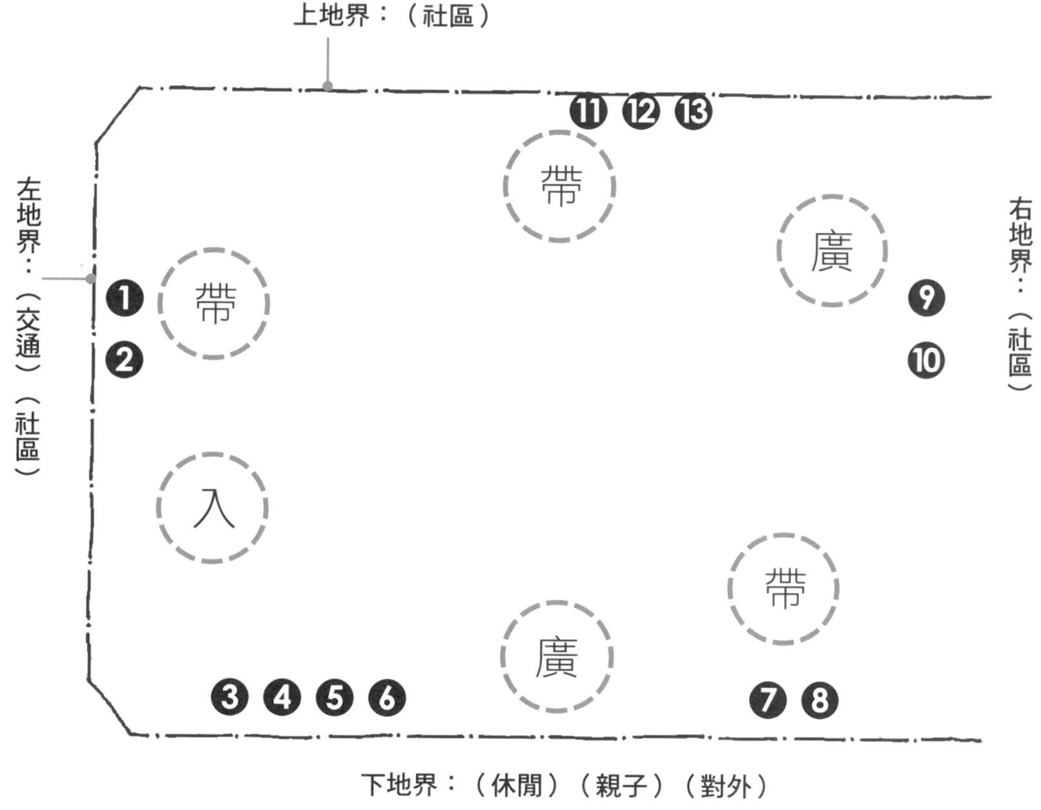

右地界

上地界

下地界

左地界

服務

主

餐廳

① ② ③ ④ ⑤ ⑥ ⑦ ⑧ ⑨ ⑩ ⑪ ⑫ ⑬

議 題 分 析

	KEY WORD	都設空間
下地界	❶ 聚會場所	
	❷ 交流	
	❸ 第二個家	
	❹ 法律諮詢	
	❺ 心理諮商	
	❻ 關懷訪視	
	❼ 緊急安置	
	❽ 志工訓練	
	❾ 陪伴適應生活與當地融合	
	❿ 新興族群接軌當地生活	
	⓫ 社群共享社會資源→ 新住民、 （關於餐廳 餐廳）+（親子） 親子共享、	
上地界	⓬ 親子活動	
	⓭ 社區宣導	

最 新 版

建築力
空間思考的
10 堂 修 練 課

(國家圖書館出版品預行編目(CIP資料)
建築力最新版：空間思考的10堂修練課 / 林煜傑著. -- 初版.
-- 臺北市：風和文創, 2020.10
面；　公分
ISBN 978-986-98775-6-5(平裝)

1.建築工程
2.考試指南

441.3　　　　　　　　　　　　　　　　109013620

作 者	林煜傑
建築設計編輯	甘欣平
總經理暨總編輯	李亦榛
特助	鄭澤琪
主編	張艾湘
主編暨視覺構成	古杰

出版公司	風和文創事業有限公司
地址	台北市大安區光復南路 692 巷 24 號 1 樓
電話	02-27550888
傳真	02-27007373
Email	sh240@sweethometw.com
網址	sweethometw.com.tw

台灣版 SH 美化家庭出版授權方公司

I∃5G

凌速姊妹（集團）有限公司
In Express-Sisters Group Limited

公司地址	香港九龍荔枝角長沙灣道 883 號億利工業中心 3 樓 12-15 室
董事總經理	梁中本
E-MAIL	cp.leung@iesg.com.hk
網址	www.iesg.com.hk

總經銷	聯合發行股份有限公司
地址	新北市新店區寶橋路 235 巷 6 弄 6 號 2 樓
電話	02-29178022
製版 印刷	鴻友印前數位整合股份有限公司
定價	新台幣 980 元
出版日期	2020 年 10 月初版一刷